高校风景园林学、城乡规划学、建筑学专业规划推荐教材

世界园林史概要

The World History of Landscape Architecture:
An Overview

张祖刚 著

中国建筑工业出版社

图书在版编目（CIP）数据

世界园林史概要/张祖刚著. —北京：中国建筑工业出
版社，2017.12
ISBN 978-7-112-20903-3

Ⅰ.①世⋯　Ⅱ.①张⋯　Ⅲ.①园林建筑－建筑史—世
界　Ⅳ.①TU-098.41

中国版本图书馆CIP数据核字（2017）第147326号

　　本书内容包括古代时期园林起源和作用、中古时期历史背景与概
况、欧洲文艺复兴时期历史背景与概况、欧洲勒诺特时期社会背景与概
况、自然风景式时期社会背景与概况、现代公园时期概况及今后的发展
趋势。
　　全书内容可供高校建筑学、城乡规划学、风景园林学（景观学）等
等师生学习参考，亦可作为广大风景园林爱好者的良师益友。

责任编辑：吴宇江　孙书妍
责任校对：王宇枢　李美娜

世界园林史概要
张祖刚　著
＊
中国建筑工业出版社出版、发行（北京海淀三里河路9号）
各地新华书店、建筑书店经销
北京锋尚制版有限公司制版
北京中科印刷有限公司印刷
＊
开本：787×1092毫米　1/16　印张：26　字数：550千字
2017年10月第一版　2017年10月第一次印刷
定价：78.00元
ISBN 978 - 7 - 112 -20903- 3
　　　（30545）

前　言

自20世纪以来，首先在欧洲，之后在北美洲、亚洲等地，先后出版了许多关于世界各地园林、花园史的书籍或大学教材，但这些论述发展史的内容，缺少明确分期的分析与观点概括。为此，余自20世纪60年代始，收集资料，思考框架，准备补上这一内容。根据社会发展历史背景，选择典型实例，研究分期及各时期园林的特点，从分析横向的关系，到分析纵向的发展脉络，找出园林建设的发展趋势。通过这样的梳理，本书具有三个特点：一是明确了世界园林发展的各阶段特点及其连贯性；二是将亚洲的中国、日本等情况纳入到相应的各阶段中，加以对照；三是在第六章现代公园时期里，综合了各国优秀实例的好经验，使它对于21世纪发展园林化城市和保护发展大自然生态的国家公园具有引导意义和具体做法的参考价值。

这次编写《世界园林史概要》一书的中心用意是拟作为高校风景园林、建筑学、城乡规划专业的参考教材。几十年来，在我国高等院校里，讲述西方园林的内容不够系统、完整，上述本书的三个特点，正是"建筑科学"大学科所包括的风景园林、建筑学、城乡规划专业的学生需要掌握的知识。欲知大道，以史为鉴，此书可以让学生了解世界园林发展各个阶段的特点和未来维护地球生态环境、保护生物多样性的发展方向，树立起尊重自然、顺应自然、利用自然、保护自然的理念，并知道如何通过园林建设去实现。

园林建设、生态环境保护事业，是同广大民众密切相关的。这本书列举实例，阐明观点，力求主线清晰，深入浅出，具有普及扩大知识面的作用，有利于大家共同搞好园林建设与生态环境保护事业。

探讨世界园林发展史是一个巨大的研究项目，需要掌握大量的资料，从中才能提炼出典型的、有代表性的、说明观点的实例材料。在这里首先感谢程世抚先生，他于1929~1933年就读于美国哈佛大学、康奈尔大学景观建筑和城市规划专业，在他任中央城市设计院总工程师时，不仅送余宝贵资料，还提出高视点的研究观点和分析方法，随后我们慢慢感悟到，要有五个尺度的概念（即从园林—城市—地区—洲—全球的空间概念），以今天全球生态环境需要来研究园林建设问题。近几十年来，余还得到广东莫伯治先生的帮助，特别是香港霍丽娜女士的关心和支持，她不断地提供了国外出版的有关意大利、法国、英国、欧洲花园史的新书籍。在此期间，余曾有机会赴埃及、两河流域、希腊、意大利、法国、西班牙、俄罗斯、美国、加拿大、日本等地，以及我国除西藏外的各省重要城市，到现场实地考察、体验、补充资料，书中照片与绘图除署名者外，均为余之作品。在考察过程中，亦得到许多专家学者的帮助，余将这些人士随笔写在有关章节中；最后，在此书出版过程中，得到中国建筑工业出版社吴宇江编审的大力支持和指点，在此一并向上述所有给予帮助的人士表示衷心的感谢。

对于这个巨大的研究项目，余所做工作仅仅是个开端，提出了一个框架和基本看法，故只能称之为《世界园林史概要》，希望有志做这方面工作的学者继续深入研究探讨，使其不断丰富和完善。

张祖刚

2017年5月

目 录

概　述

　　回顾世界园林发展概况，目的是古今中外皆为日后发展所用，从其发展的脉络中，可以清晰地找出今后园林的发展方向，综合解决好人类生活和生存的环境，使人与自然和谐共生，维护地球的大自然生态系统，保护生物的多样性和生物链的持续发展。

　　为了弄清园林发展的脉络，本书按6个阶段，说明各阶段的特点及其前后的联系关系。第一阶段为古代时期（约公元前3000~公元500年），说明园林的起源和作用。第二阶段为中古时期（约500~1400年），欧洲逐步进入封建社会，土地割据，战争频繁，发展修道院和城堡园等；中国处于隋、唐、宋、元朝代，发展自然山水园，日本处于飞鸟、平安、镰仓时代，发展净土庭园和舟游式池泉庭园等。第三阶段为欧洲文艺复兴时期（约1400~1650年），此时期意大利规则式的台地园发展起来，成为时尚，影响周边各国；中国处于明代，自然山水园得到进一步发展，日本处于室町、桃山时代，发展了回游式庭园、枯山水和茶庭。第四阶段为欧洲勒诺特时期（约1650~1750年），出现了法国的大轴线、大运河"勒诺特"式的规则园林，这种讲求帝王气势的园林于此一个世纪左右在欧洲占据主要位置。第五阶段为自然风景式时期（约1750~1850年），在欧洲，英国首先倡导崇尚自然，改规则式为自然式园林。第四、五两个阶段，东方中国为清代，中国自然式园林得到空前的发展，但建筑在园林中不断增多；日本是江户时代，回游式庭园趋于成熟。第六阶段为现代公园时期（约1850~2000年），美国首先设计建造了新的城市现代公园和创立世界上第一个国家公园，英法紧随其后，发展出更大范围的国家公园等；中国、日本随后也发展出东西方混合式的现代公园和国家公园等。

　　前四个阶段的园林建造都是为帝王将相等上层少数人服务的，从形式上看，西方的大多为规则式。第五、六阶段，近200多年来，城市化不断发展，城市街道绿化、公园开始得到发展，后又提出建设城市绿地系统，园林绿化才有了为大多数市民服务的内容，其形式转向以自然式为主。近半个世纪以来，自然环境遭到严重破坏，人们越来越意识到保护地球、保护生态平衡，也就是保护人类自己。在这样的社会背景条件下，从事园林或园林建筑的广大工作者的着眼点要高，要着眼于地球、宇宙，首先要有保护地球自然生态环境的大概念，在此概念的基础上，通过了解园林发展脉络，运用其布局、功能、形式、植物品种配置等优秀的设计手法，做好一个地区或一个点的园林规划与建设。

21世纪园林发展的方向，要从全世界环境生态平衡出发，走向自然，特别要重视发展为大多数人服务的园林。所谓走向自然，就是要重视发展国家公园、自然保护区、风景名胜区以及热带雨林、温寒带森林等；在城市内要发展顺应自然的绿地园林系统及其各个组成部分，于城市内发展的城市公园、大小游园、居住区绿地、公共活动地段绿化的布局要以自然为主，规则、对称的园林可在街道、广场以及部分公园的局部适当采用。

园林实例数量非常之多，这里仅选了其中100多例，它们具有典型的意义和现实的参考价值，笔者大都到过这些实例的现场，核实过资料与实际情况，因而所提供的文图资料具有可靠性。下面按六个阶段分别论述。

第一章　古代时期

（公元前 3000～公元 500 年）

园林起源和作用

　　许多讲花园史、园林建筑史的书籍，认为园林的起源是从神话传说中发展起来的，有的说是从基督教天堂乐园"伊甸园"（Eden）的想象翻版而来。我们根据掌握的材料，认为公元前3000年就有了造园，至于受基督教、伊斯兰教的影响，那是后期的事。公元前3000年以后在埃及、两河流域地区的造园是受当地崇拜各自神灵的影响，但最根本的还是从适应生产生活需要产生的，逐步发展变化。园林的功能是提供果、药、菜、狩猎、祭神、运动、公共活动，后逐步增加闲游娱乐和文化的内容。自古以来，人类建造建筑和活动的场所都离不开自然的山水、林木与花果，时至今日更是如此，这就是建造园林的起因，本书明确提出了这一观点。

　　这个时期的时间最长，约3500年。我们按国家及其园林发展的兴旺时期排列次序：埃及和两河流域美索不达米亚地区发展最早，波斯于公元前538年灭新巴比伦，公元前525年征服埃及后，波斯园林发展起来，公元前5世纪波希战争，希腊取胜后希腊园林迅速发展，后来罗马于公元前2世纪至公元2世纪在地中海沿岸各地占据主导地位，它吸取埃及、波斯特别是希腊的造园做法，发展了罗马帝国的园林。

　　中国园林亦有悠久的历史，据记载，3000多年前周文王修建了灵囿，选在动物多栖、植物茂盛之处，挖沼筑台，称为灵沼灵台，种植蔬菜、水果，具有同埃及、两河流域地区园林一样的作用。这一时期，发展的园林种类有宫苑、神苑、猎苑、宅园、别墅园等。

　　由于园林不宜保存，现以从墓中发掘出的画、从遗址中挖掘出的建筑实物、壁画以及遗址作为例证，本书选择了古埃及首都底比斯的卡尔纳克神庙和阿蒙霍特普三世时某高级官员的府邸花园；两河流域的新巴比伦城和该城中的"空中花园"及其对现代建筑的影响；同伊甸园传说模式有联系的十字形水系布局的波斯园林；希腊克里特·古诺索斯宫苑和雅典卫城神苑以及德尔斐体育馆园地；罗马帝国庞贝城及其与绿地结合的公共建筑、庞贝住宅花园及其花园壁画、临海花园建筑和哈德良皇家宫苑；属另一造园体系的中国汉代建章宫苑皇家园林，和文人活动的浙江绍兴兰亭自然山水园，以这些实例说明各种园林的特点。

　　在这里还要特别提出的是，于中国春秋后期2500多年前老子所著"道德经"中阐述"道法自然"哲学宇宙观，认为宇宙万物的演变都要服从大自然的法则，这一崇尚自然的思想是我国城乡建筑、园林建设发展的主导思想，一直延续至今，在本书所述各个历史时期中所举的中国园林实例都体现着"道法自然"的指导思想。

一、埃及

埃及是人类文明发源地之一，它位于非洲东北部，北临地中海，南邻今日的埃塞俄比亚和苏丹，东靠红海，西接利比亚，其东西面皆为沙漠，尼罗河纵贯南北全境，是由发源于非洲中部的白尼罗河和源于苏丹的青尼罗河汇合而成，每年7月至11月流经森林与草原地带，定期泛滥，浸灌了两岸旱地，使之成为肥沃的黑色土地，由此可以看出，尼罗河对埃及社会经济发展起着决定性的作用。自古以来，在地理上埃及分为狭窄的河谷地区（上埃及）和开阔平坦的尼罗河三角洲地区（下埃及）。河谷地区常年少雨，气候干燥，生产与生活用水全来自尼罗河，三角洲地区受地中海季候风影响带来了降雨。

埃及文明的发生是在公元前6000—前5000年，此时期其农业文化已相当发达，并已使用铜器，这就是其文明发展的基础。

古埃及实行的是君主专制，是王权与神权的结合，法老利用祭司贵族维护和神化自己的专制统治，神权势力已成为法老统治的精神支柱。如阿蒙神庙在意识形态方面处于支配地位，且在经济上亦拥有了雄厚的实力，成为仅次于国王的大奴隶主。

埃及古王国时期约为公元前2680年～前2181年，此时上、下埃及王国统一，建都于孟斐斯，金字塔修建开始在此时期，最为宏伟的金字塔是约于公元前2560年建造的第四王朝吉萨金字塔群，故古王国时期又被称为金字塔时期。中王国时期约为公元前2040年～前1786年，首都底比斯，主要崇拜阿蒙神。新王国时期约为公元前1570年～前1085年，此时期在政治、经济、军事和文化方面十分繁荣，形成埃及帝国，扩张至北非和西亚。

古埃及的建筑与园林，以雄伟壮观而闻名于世，除吉萨大金塔之外，在底比斯修建的卡尔纳克和卢克索尔神庙建筑为世人所瞩目。这两个神庙始建于中王国时期，但大规模的修建都在新王国时期，此时期的哈特舍普苏特女王、图特摩斯三世、阿蒙霍特普（又称阿蒙诺菲斯）三世、拉美西斯二世诸王皆使此两座神庙的建设不断完善，直至被其他帝国占领为止。笔者于1985年1月沿尼罗河到上埃及卢克索（Luxor）城访问，此城就是中王国和新王国时的都城底比斯（Thebes），亲眼观看了埃及最为壮观的在卢克索尼罗河西岸市区东西两面的卡尔纳克和卢克索尔神庙。

从园林与建筑方面来看，下面介绍代表神庙的卡尔纳克神庙和阿蒙霍特普三世大兴土木、园艺兴旺时期建成的一位高级官员的府邸庭园。

（一）卡尔纳克神庙（Karnak）

阿蒙本是中埃及赫蒙的地方神，于公元前1991年传至底比斯成为法老的佑护神。该神庙建成于公元前14世纪的埃及首都底比斯，是埃及最为壮观的神庙，具有如下特点：

1. 规模大，布局对称，庄严，有空间层次，以建筑为主，配植整齐的棕榈、葵、椰树等，从鸟瞰图可推测出所创造的神圣气氛。

2. 在入口高大的门楼前，门前两列人面兽身石雕后植树，同外围树木连接响应。

3. 从入口进入前院，在周围柱廊前与高大雕像后，种植葵、椰树，起烘托作用。

4. 从前院进入列柱大厅（Hypostyle Hall），这是此神庙的核心建筑，建筑宏伟，由16列共134根高大密集的石柱组成，中间两列12根圆柱，高20.4m，直径3.57m，上面的大梁长9.21m，重达65t。笔者于1985年1月参观到这里，当时惊叹的心情，至今记忆犹新，它是继金字塔后建成的又一雄伟建筑，当时是如何建造的，至今仍是一个谜。

5. 在此大厅后面有很多院落，在方尖碑后种植树木，现仅存很少的一部分。

这种类型的神苑圣林，后来在西亚、希腊等地建造许多，与其相似，只是具体做法有所不同，其植树造园都是为了烘托主题、改善环境、保持水土。

鸟瞰

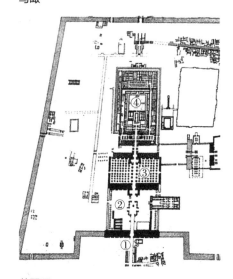
总平面
①入口　②前院　③列柱大厅　④后院

列柱细部

入口门楼前　　　　　　　　　　　前院一角

列柱大厅前　　　　　　　　　　列柱大厅后院落群中方尖碑

（二）阿米霍特普三世时期某高级官员府邸庭园

　　从墓中这张壁画中可以看到，此宅园为对称式，在中轴线上有一美丽的入口大门，墙外有一条林荫路和一条河；主要建筑位于中轴线的后部，像很多埃及房屋一

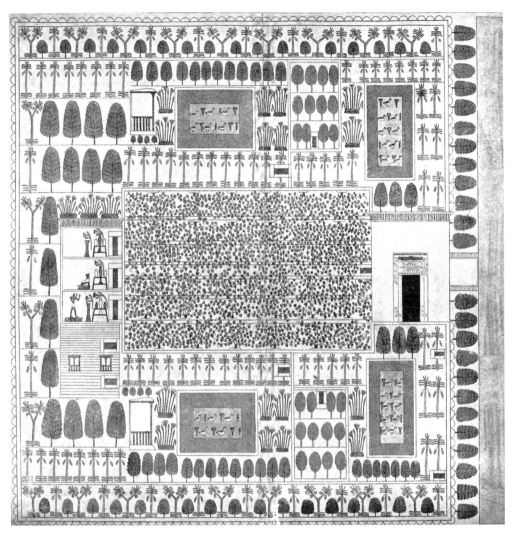

总平面（Marie Luise Gothein）

样，有一个前厅，下边是3个房间，上边还有一层；大门与主要建筑之间的空间是葡萄园（Vineyard），包括4个以柱支承成拱形的棚架；主要建筑两旁有敞亭，亭前有花坛，在亭中可俯视两个长方形水池，水中种荷，并有鸭在游动，靠近前边还有两个不同方向的水池；沿围墙和主要建筑后部与两侧种植高树。

另外附上一张墓中的装饰画，它比前一张晚几十年，表现的是国王阿米诺菲斯四世的朋友麦瑞尔（Merire）高级教士的住所，这是一组院落，一些是高级教士的居住房屋，一些是低一级教士的住屋，还有寺院财产的贮藏室或珍藏室。在这些院子之间种上几排树，后面有一主要花园，其中心部分是一个很大的长方形水池，可能有桔槔（Shaduf or Shadoof），围绕水池植有不同种类的树。

复原想象鸟瞰（Julia S. Berrall，由Charles Chipiez 1883年复原）

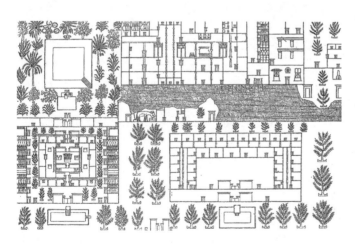

麦瑞尔（Merire）高级教士住所平面（Marie Luise Gothein）

通过这两张壁画，可看出埃及这一时期私人宅园具有以下特点：

1. 有围墙，起防御作用。

2. 有水池，养鸭，种荷，还可灌溉。在这炎热干旱地区，水特别宝贵。采用桔槔从低向高处提水，一端以巨石作平衡，这种提水工具一直沿用到现代，只是构件有所改进，它是具有埃及特点的提水工具。

3. 布局轴线明显，分成规则的几部分。

4. 建筑在主要位置上，入口考究，有园亭。

5. 布置葡萄园、菜园，有的以拱架支承，水旁、墙侧种树遮阳，树种有棕榈、埃及榕和枣椰树等，建筑前有花坛。

6. 有的种有药草，这是埃及教士的擅长。

埃及桔槔（Marie Luise Gothein）

底比斯"Apoui花园"中使用的桔槔（Marie Luise Gothein）

二、两河流域

位于亚洲西南部，有幼发拉底和底格里斯两条大河，这两条河发源于今日土耳其境内亚美尼亚群山中，分别向东南方向流入波斯湾，两河上游地区系山地，两河流域是指河域的中下游地区。这片地区大体为现在的伊拉克国家范围。两河流域又称美索不达米亚，这是古希腊文，其意为两河之间的地方。在古代，两河流域分为南北两个地区，北部称亚述，南部称巴比伦尼亚。该地域走向文明是在约公元前4300年南部苏美尔人进入铜石并用时代。约于公元前3000年形成分散的国家，后统一两河流域是古巴比伦王国（约于公元前1830年）。古巴比伦王国约公元前1595年被北方入侵的赫梯人灭亡。亚述从公元前10世纪末期起，经过2个世纪征战，占领了两河流域和埃及两大文明中心，成为铁器时代的帝国。公元前626年由迦勒底人建立了新巴比伦王国，并与伊朗高原西北部米底王国联合，于公元前612年共同将亚述帝国灭亡。公元前604年尼布甲尼撒二世即位新巴比伦王国国王，他继续与米底王国结盟，娶米底公主为王后。公元前539年，新巴比伦王国被新崛起的波斯帝国所灭。

下面介绍新巴比伦城和城中的"空中花园"以及"空中花园"对现代建筑园林化的影响。

（一）巴比伦城（Babylon）

它是世界著名古城遗址，位于伊拉克首都巴格达南90km幼发拉底河右岸处。约公元前1830年古巴比伦王国成立，在此建都，其间汉穆拉比国王（约公元前1792～前1750年）领导制定出具有历史意义的世界上第一部法典——《汉谟拉比法典》，以法治国，正文282条，刻于石碑上，该原件现存巴黎卢佛尔宫博物馆。公元前604～前562年国王尼布甲尼撒时期，巴比伦城规模宏伟，建筑壮丽，有两道城墙环绕，外墙高7.6～7.8米，宽3.72米，周长8.5km，内墙离外墙12米，高11～14米，宽6.5米；外墙之外，有一水壕沟；围墙上每隔20米有一碉堡；城墙设8个城门，北门即

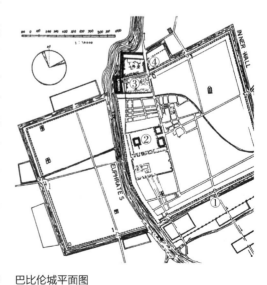

巴比伦城平面图

①城门　②塔　③南宫　④伊什塔尔门

博物馆内展出的古城模型，左部为塔庙

伊什塔尔门，现仿建的伊什塔尔门局部，外贴琉璃砖，以砖组成公牛及其他四条腿走兽的图案，色彩典雅亮丽；于城北面南宫内，尼布甲尼撒为其妻子建造了被誉为古代七大奇观之一的"空中花园"，现仅存遗址，但它对于我们今天的悬空绿地建设仍有启示的价值；于城中还建有高91m的7层塔庙，《圣经》中的故事对此都有描述；现在北面故宫遗址中立有一座雄狮足踏一人的巨石雕塑，这就是著名的巴比伦雄狮，它是巴比伦的象征。公元前539年后，巴比伦城被波斯人占领，公元前4世纪末城市逐渐衰落，至公元2世纪变成废墟。

现立于城北部故宫遗址内的巴比伦雄狮

仿建的伊什塔尔门前部

1985年我们来到这座古城遗址，看到了正在加紧修复遗址的情景；还参观了以仿建一座城门为入口的博物馆，馆内展出了巴比伦古城复原的模型，甚为壮观。在此现场给我的启示是，世界四大文明古国的历史文物需要特别珍惜和保存，此四处都是沿河域发展的，沿尼罗河发展的埃及、沿两河流域发展的巴比伦、沿印度河恒河发展的印度，其传统历史文明都中断过，唯有沿黄河长江发展的中国，其历史文明从未中断过，因而中国人应格外重视中华文化的继承和发展。

尼布甲尼撒（Nebuchednesser）时期巴比伦城复原，中间为伊什塔尔（Ishtar）门，右上角为空中花园（当地提供）

（二）新巴比伦"空中花园"（Hanging Garden）

该园建于公元前6世纪，遗址在现伊拉克巴格达城市的郊区。它是新巴比伦国王尼布甲尼撒（公元前604~562年），因他妻子阿米蒂斯出生于米底而习惯于山林生活，而下令建造的"空中花园"。此园是在二层屋顶上做成阶梯状的平台，于平台上种植，据希腊希罗多德描写，花园每边长120m左

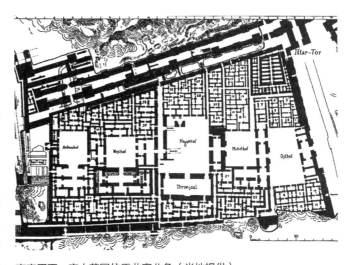

南宫平面，空中花园位于此宫北角（当地提供）

空中花园复原（当地提供）

空中花园遗址（当地提供）

右，呈正方形，总高有50m。有的文字描述，认为此园为金字塔形的多层露平台，在露台四周种植花木，整体外轮廓恰似悬空，故称Hanging Garden（悬空园）。现有不少书籍，刊登按此叙述绘出的想象图，十分壮丽，但其造型与周围环境同现场实况有一定的差距。笔者于1985年1月专程赴新巴比伦城遗址凭吊，此园在城北面皇宫的东北角，靠近伊什塔尔（Ishtar）门，现场只是一片砖土，当地出版的小册子中所绘想象图比较准确。从这些实物资料分析，该园的特点是：

1. 向高空发展。它是造园的一个进步，将地面或坡地种植发展为向高空种植。采用的办法是，在砖砌拱上铺砖，再铺铅板，在铅板上铺土，形成可防水渗漏的土面的屋顶平台，在此土面上种植花木。

2. 选当地树种。种植有桦木（Birch）、杉雪松、合欢、含羞草类或合欢类欧洲山杨、板栗、白杨。这些是美索不达米亚北部树种。

空中花园复原想象（J·Beale绘）

3. 像空中花园。整体层层一片绿，还有喷泉、花卉，从上可以眺望下面沙漠包围的河谷，从下仰望，有如悬空的"空中花园"，非常壮观。

这个2500多年前的实例，对于我们今后建筑的发展具有极大的参考价值，20世纪的世界各地已建造了许多屋顶花园，21世纪还会更多地修建与发展这种悬空绿地，以使人、建筑与自然结合得更为直接、紧密，还可减少温室效应的影响。

伊什塔尔门西城墙雕饰

笔者眺望现场

（三）"空中花园"对现代建筑园林化的影响

在当前城市建设中，修建高空花园绿地是发展的必然趋势，这种称为"空中花园"的主要形式有两种，一是建筑的屋顶花园，二是高层建筑垂直森林。这两种"空中花园"的主要作用是：创造良好的人居自然生态环境，吸收二氧化碳和尘埃，减排节能，净化空气，使居民生活直接靠近自然，心情舒畅，有利身心健康，还能蓄些雨水、防涝。建筑屋顶花园在国内、国外已修建了一些，尚未普遍采用。高层建筑垂直森林，是在建筑阳台上种植或放置盆栽树木，其外观完全被林木环绕，有如垂直森林。2014年10月于意大利米兰市中心的伊索拉区竣工的一对"森林塔楼"是世界上这种形式的第一个实例，设计人是米兰理工大学博埃里（Stefano Boeri）教授，该楼是2015年米兰世博会的主题地标。设计此双楼是设计人联合植物、动物、生物学家完成的，在阳台上采用特殊的土壤，轻且密实，承重负荷小，并使乔灌木根系稳定、透气，还结合符合米兰气候条件的花卉，不同季节可变化不同色彩，同时引来了鸟类和有益昆虫，展示生物生态的多样性，人与自然的和谐。现代城市中建成的屋顶花园和这对塔楼垂直森林的构造原理同2500年前新巴比伦"空中花园"是一样的，只是采用了新材料和新技术，其作用超过了古代。

"垂直森林"塔楼局部

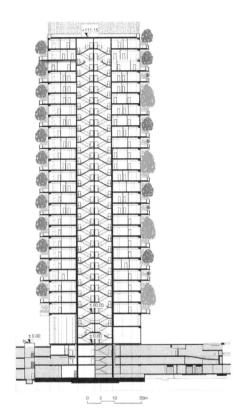

塔楼剖面

"垂直森林"塔楼外景

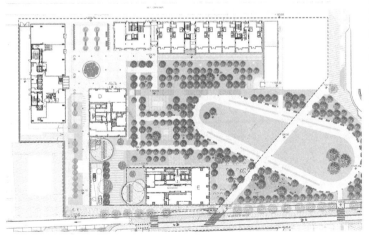

"垂直森林"塔楼总平面

（此项图照选自《建筑学报》2015年第5期）

项目概况

塔D、E投影面积：约3000m²
树木相当于森林面积：约2万m²森林
塔D：高80m/塔E：高112m
总共113套公寓

生物多样性指标

人类：480
鸟类和蝴蝶：1600
树：780
灌木：5000
地被植物：11000
树木物种：60
蔬菜的物种：94
常青树种：33
有用的授粉昆虫物种：66

可持续能源利用

地热水泵：4
屋顶太阳能系统：26kWp
由于植物创造小气候，减少热能耗：2kWh
O_2吸收量：约2万kg/a
树池长度：1700m/深度：1m
土壤类型：专门设计

三、波斯

公元前6世纪中叶，波斯兴起于伊朗高原西南部，波斯与米底人语言相近，公元前7世纪时，波斯被米底统治，公元前550年波斯独立，并灭了米底王国，后灭新巴比伦王国，征服埃及，领地跨西亚、北非，十分强大，公元前334年被马其顿王亚历山大大帝所灭，至公元3世纪再次创立，于公元7世纪又被阿拉伯帝国灭亡。公元前6世纪至公元前4世纪，正是《旧约》逐渐形成的过程，所以波斯的造园，除受埃及、两河流域地区造园的影响外，还受《旧约》律法书《创世纪》中的"伊甸园"（指天堂乐园）的影响。由于此时期的造园遗址无存，所以用公元6世纪就已出现的波斯地毯上描绘的庭园为例。这个实例很重要，它是后来发展的波斯伊斯兰园、印度伊斯兰园的基础。

波斯庭园

波斯造园是与伊甸园传说模式有联系的。传说中的伊甸园有山、水、动物、果树，考古学家考证它在波斯湾头。Eden源于希伯来语的"平地"，波斯湾头地区一直被称为"平地"。《旧约》描述，从伊甸园分出四条河，第一条是比逊河，第二条是基训河，第三条是希底结河（即底格里斯河），第四条是伯拉河（即幼发拉底河）。此地毯上的波斯庭园，体现出的特征是：

1. 十字形水系布局。如《旧约》所述伊甸园分出的四条河，水从中央水池分四岔四面流出，大体分为四块，它又象征宇宙

地毯上的波斯庭园（Marie Luise Gothein）

十字，亦如耕作农地。此水系除有灌溉功能，利于植物生长外，还可提供隐蔽环境，使人凉爽。

2．有规则地种树，在周围种植遮阴树林。波斯人自幼学习种树、养树。Paradise字义是把世界上所有拿到的好东西都聚集在一起，这字是从波斯文Pardes翻译的，意为Park。波斯人喜欢亚述、巴比伦狩猎与种树形成的Park，所以抄袭、运用，还种上果树，包括外来引进的，以象征在伊甸园上帝造了许多种树，既好看又有果实吃，还可产生善与恶的知识。这与波斯人从事农业、经营水果园是密切相关的。

3．栽培大量香花。如紫罗兰、月季、水仙、樱桃、蔷薇等，波斯人爱好花卉，他们视花园为天上人间。

4．筑高围墙，四角有瞭望守卫塔。他们欣赏埃及花园的围墙，并按几何形造花坛。后来他们把住宅、宫殿造成与周围隔绝的"小天地"。

5．用地毯代替花园。严寒冬季时，可观看图案有水有花木的地毯。这是创造庭园地毯的一个因由。

四、希腊

希腊于公元前5世纪兴盛起来。公元前490年和公元前480～前479年两次波斯大军入侵，这两次波希大战波斯都遭到失败而退回亚洲，至公元前449年希波双方缔结和约。反抗波斯最坚决的是雅典和斯巴达，以他们为首联合其他城邦组成统一指挥的希腊联军，在城邦体制下有着独立自由传统的希腊人，特别是雅典公民的爱国热情以及波斯侵略属于非正义性质，使希腊赢得了战争的胜利。

公元前5世纪至前4世纪是希腊文明古典时期，哲学家、文人和市民的民主精神兴起，其中有3位最著名的哲学家，即苏格拉底（约公元前469～前339年）、柏拉图（公元前428年～前348年）和亚里士多德（公元前384年～前322年）。苏格拉底提倡知德合一学说，认为美德基于知识，这两者的获得皆有赖于教育；其学生柏拉图是唯心主义者，认为理念是万物之源；柏拉图的学生亚里士多德，对唯心论进行了批判，他说吾爱吾师，但更爱真理，提出理念属于人的思维抽象，客观无理念世界存在，但其唯物论并不彻底，另外他对自然科学、社会科学领域的研究取得了很多成就。此时期希腊各地大兴土木，包括园林建设，世界闻名的雅典卫城就是在这期间建成的，极具神苑的风格；此时，住宅庭园得到发展，其特征是周围柱廊中庭式庭园，以后罗马采用了这种样式，因有2000年前庞贝城此类住宅的实物，故在罗马帝国节中介绍。下面介绍3个实例，一是克里特·克诺索斯宫苑，说明最早期希腊的宫苑文化和迷园的起源；二是雅典卫城神苑；第三个是德鲁斐体育馆园地，这是一个公共活动的场所，雅典人喜欢群众活动生活，所以将园林与聚会广场、体育比赛场所等结合起来，人们在这里聚会、比赛、交换意见、辩论是非；最后提一下希腊盆花。

（一）克里特·克诺索斯宫苑（Palace of Knossos）

该园建于公元前16世纪克里特岛，属希腊早期的爱琴海文化，此宫苑可学习之处及影响有：

1. 选址好，重视周围绿地环境建设。建筑建在坡地上，背面山坡上遍植林木，创造了良好的优美的环境。

2. 重视风向，夏季可引来凉风，冬季可挡住寒风，冬暖夏凉，建筑配以花木，环境宜人。

3. 克里特人喜爱植物，除种植树木花草外，在壁画和物品上绘有花木，用以装饰室内，于冬季在室内亦可看到花和树。

4. 建有迷宫，后来世界各地建造的迷园起源于此。中世纪时期各地建造迷园风靡一时，18世纪在中国、西班牙修建的迷园将在后面介绍。

宫苑中大厅和台地遗址（Marie Luise Gothein）

（二）雅典卫城

　　雅典是希腊的首都，雅典作为著名古都，卫城是其重要标志。雅典卫城位于城中心一个高出地面约70~80m的陡峭高台上，重建完成于公元前430年前后，是为纪念波希战争希腊取得反侵略胜利而建，它成为希腊的宗教和文化中心。其主题是雅典娜胜利女神庙，雅典娜是希腊神话中智慧与战争女神，她与海神波塞冬争夺雅典保护权取胜，成为雅典保护神。卫城东西长约280m，南北最宽处130m，从西端上下山，主要建筑偏于西、北、南三面，建筑布局依地势自由活泼，人们从西南角登山，这里右边矗立一堵高的基墙，当时墙北面挂满波希战争中的战利品，沿基墙转弯进入山门，面对着雅典娜镀金铜像（已毁），该像是整组建筑群的构图中心，走过雕像在右前方可看到主体建筑帕提农神庙的列柱和连续浮雕之外观，但需左转先观看建于不同高度地面的伊瑞克提翁庙，再前行右转，来到帕提农神庙东面正门，进入纪念守护神雅典娜的圣堂中。每年祭祀一次，每四年举行一次大型庆典，前往祭祀的人群，就是按前述路线行进的，典礼之后，人们载歌载舞，欢度节日。

　　卫城的主体建筑是帕提农神庙，是守护神雅典娜之庙，公元前438年竣工，它突出在卫城的最高处，采用围廊式，周围列柱为46根最大的多立克式，柱高10.43m，底径1.905m，比例匀称，刚健有力。东西两面山花墙上和周围92块垄间板雕刻着雅典娜的故事和希腊战胜各种敌人的故事，以唤起希腊雅典人的勇敢精神和自豪感。建筑石材全部采用雅典附近的蓬泰利克大理石，洁白晶莹，配以镀金铜门、彩色雕饰，辉煌端庄，它代表了古希腊多立克柱式石材建筑的最高成就。此建筑的艺术布局、符合人的比例尺度、象征性的艺术感染力、细部的精美等都说明了它是一座古典建筑的优秀实例，值得我们关注。

建在高地上的帕提农神庙

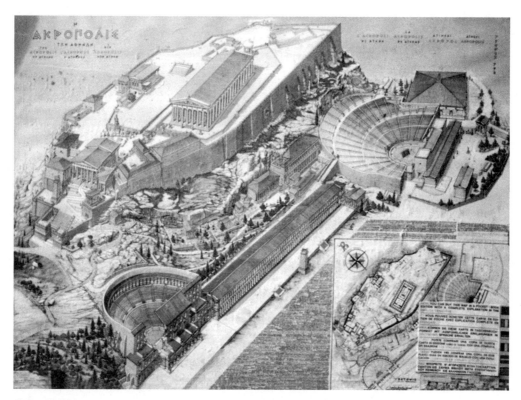

雅典卫城鸟瞰

伊瑞克提翁庙，传说伊瑞克提翁是雅典的始祖，此庙廊柱系爱奥尼式，建于公元前421～前406年，建筑成功地横跨南北向的断坎上，按照起伏的地形，运用不对称的手法，满足了功能需要。为了接引从帕提农神庙西北角走过来的仪典队伍或上山过雅典娜神像前行的人群，在其南面角上布置一个女郎柱廊，面阔三间，进深两间，站立着6个2.1m高的女郎雕像柱子。秀丽的女郎充分表现了爱奥尼柱式的性格，使该庙与其南边壮美的多立克柱式的帕提农神庙，形成了鲜明的对比。这一艺术手法亦值得我们学习。在卫城高台南端的角下，建有露天剧场。在卫城周围广植林木，烘托神庙气氛，还起到改善环境、水土保持的作用。

1985年2月初，笔者在中国驻希腊大使馆官员的帮助下，专门来到雅典卫城参观。这时希腊政府正在组织专家重修帕提农神庙和伊瑞克提翁庙。

（三）德鲁菲体育馆园地（Delphi Gymnasium）

体育比赛源于希腊，所建体育练习与比赛的场所，世界公认，它仍源于希腊。这个实例的特点是：

1．位于两层台地上。这与新巴比伦的"空中花园"有联系，台地的层层绿化与周围的树林，创造了宜于运动的自然环境。

2．在建筑方面，上部有多层边墙，起挡土作用，下部有柱廊，柱廊有顶盖，供运动员使用或休息。

3．在低台部分的室外建有沐浴池。这是第一个建在室外的浴池，其他处还安排有沐浴池。

4．这个体育馆，有时作为哲学家辩论对话的场所。

这里专门提一下希腊盆花。盆花的来源还有一个阿多尼斯的典故。阿多尼斯（Adonis）是爱神阿芙罗狄蒂（Aphrodite）所恋的美少年，因阿多尼斯早夭，为纪念他，于春天在花盆之中种植茴香（Fennel）、莴苣（Lettuce）、小麦（Wheat）、大麦（Barley）等，以象征悼念过早去世的阿多尼斯，将花盆置于屋顶，随后发展到一年四季以此盆栽装饰屋顶。后来罗马人继承了这个习俗。

遗址全貌（Marie Luise Gothein）

沐浴池（Marie Luise Gothein）

附阿多尼斯（Adonis）花园
（Marie Luise Gothein）

附瓶上的阿多尼斯花园装饰
（Marie Luise Gothein）

五、罗马帝国

罗马帝国于公元前2世纪至公元2世纪末从发展到最繁时期，在地中海沿岸地区占据主导地位，此期间城市大兴土木，许多宫殿、神庙、竞技场、纪念柱、凯旋门、浴地、输水管道等兴建起来，创造了石拱结构，富有特色，建筑业取得了长足的进步。同时，在园林方面亦有很大的发展，引进不少的植物品种，发展了园林工艺，将实用的果树、蔬菜、药草等分开，另外设置，提高了园林本身的艺术性，同时吸取埃及、亚述、波斯运用水池、棚架、植物遮阴以及希腊的周围柱廊中庭式庭园的做法等。下面选择以庞贝（Pompeii）古城遗址为重点，说明该时期的花园建设情况，还将介绍这一时期临海花园建筑和吸取埃及、希腊文化的哈德良宫苑。从这些遗址中，可看出构成花园的元素，花坛、喷泉、塑像、水池（包括环形水池中间岛）、台地台阶、柱廊、拱券、石木多层建筑、水庭、花木庭都已出现，这就为后来文艺复兴时期创造出规则式台地园提供可能，从事物发展规律来看，就是从量变到质变，如果没有之前千年来建造花园的积累，就不可能出现如此完整的领先欧洲造园艺术的意大利台地园。下面介绍这些遗址实例。

（一）庞贝古城及其与绿化结合的公共建筑

庞贝古城位于意大利南部靠近那不勒斯海湾，离维苏威火山南麓约2km，原建于公元前8世纪，于公元79年8月24日因维苏威火山爆发被埋毁，18世纪开始被挖

庞贝城鸟瞰与23页总平面（总平面图中已标出下面所举住宅和别墅实例的位置，此图来源于Boston Museum of Fine Arts）

掘出，经过200多年的不断发掘，至1960年完成。庞贝城呈一树叶状，建在一个椭圆形台地上，约63hm²，有3km长的城墙环绕，城墙里布置纵横各两条大街，形成"井"字状，这"井"字将城内分为9个地区，各地区由小街巷有序地划分成长方形或方形地块，在这整齐的地块内包括：城西南长方形广场周围的建筑群，广场长轴北端为丘比特神庙（Temple of Jupiter），广场中部西面为阿波罗神庙（Temple of Apollo），广场南端西面是巴西利卡（Basilica），它是城中最古老的重要建筑，建于公元前120 ~ 前78年，起初是作市场使用，后作法庭，建筑中心是一围廊列柱式庭院，柱高10m，直径1.1m，共28根科林斯式列柱，十分美丽，长轴顶端设有法官席（Tribunal）。广场长轴南端为市政厅。这一中心广场周围集中了政府、法庭和庙宇建筑，是全城政治、宗教、经济的活动中心。在南北向主要街道Via Distabia北部设有中心的公共浴室，系使用锅炉烧水，将温、热水输送到男女部浴室，并能把蒸汽送到墙中和地下，以保持浴室的温度。沿此主干道Via Distabia南行，在与东西主要街道交叉口处，还设有公共浴室和健身运动活动中心，在其浴室西边，布置有健身设施与室外运动场地。再沿此Via Distabia大街南行至顶端，便是以大剧场为主的娱乐活动中心。在城东南角，设有可容5000观众的圆形露天竞技场，它建成于公元前

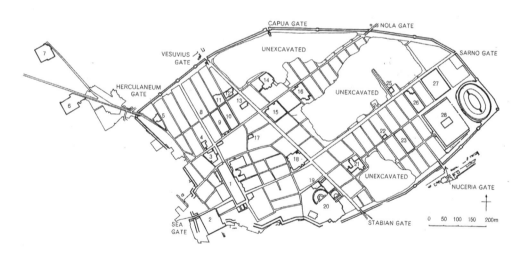

1. Forum	11. House of the Vettii	21. House of the Menander
2. Temple of Venus	12. House of the Gided Amorini	22. Caupona of Euxinus
3. Forum Baths	13. Fullery	23. House of the Ship "Europa"
4. House of the Tragic Poet	14. House of the Silvsr Wedding	24. House of Julius Polybius
5. House of Sallust	15. Central Baths	25. House of Pinarius Cerialis
6. Villa of Diomedes	16. House of the Centenary	26. House of "Loreius Tiburtinus"
7. Villa of the Mysteries	17. Bakery of Modestus	27. "Praedia" Julia Felix
8. House of Ailchor	18. Stabian Baths	28. Palaestra
9. Housr of the Faun	19. Temple of Isis	
10. Insula VI, 13	20. Theaters (seep.87)	

中心广场，远处为维苏威火山（Forum）

大剧场（Theaters）

公共浴室外的健身运动场地（Stabian Baths）

圆形露天竞技场

70年，在此竞技场西面还设有一个大的竞技练习场地。从这些公共建筑可以看出，这里人们的公共活动开展得很广泛，这是受希腊人的影响。

　　笔者能够来到庞贝古城是极其不易的，1995年4月下旬，正值意大利黑手党活跃之时，此地非常不安全，在中国驻意大利大使馆新华社高级记者黄昌瑞先生的帮助下，由他亲自开车陪笔者参观了这个富有历史价值的古城。历史实物比文字记载更具有可靠性，我们应格外重视。

（二）庞贝花园及其壁画花园

1. 住宅带希腊列柱围廊式（Peristyle）花园

（1）韦蒂住宅（Cosa di Vetti）

　　这座住宅在庞贝城的北面偏西部，它反映着公元79年前的情况。从中心入口进来，是一个中间为水池，上部透空见天的中庭天井，通过此中庭往后行，经过厅才能看到一个横向的列柱围廊式花园。此花园的格局是希腊列柱围廊式，这说明希腊式住宅布局影响到罗马南部，长方形花园中布置绿篱灌木，沿廊有石台、水盆，能

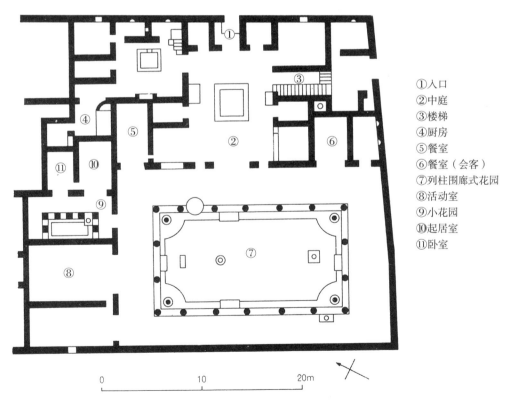

①入口
②中庭
③楼梯
④厨房
⑤餐室
⑥餐室（会客）
⑦列柱围廊式花园
⑧活动室
⑨小花园
⑩起居室
⑪卧室

0　　　　　10　　　　　20m

韦蒂住宅平面

韦蒂住宅列柱围廊式花园（Marie Luise Gothein）

听到喷水的美妙之声，可愉悦心情，净化空气，上通天空，下接地气，这种绿化庭园式布局，有利于身心健康；在列柱围廊内，可进入几个主要房间，在这些房间内有许多重要的壁画装饰，十分珍贵。在入口中庭天井的右边，还有一个小的中庭天井，从这里可进入厨房。从入口进入中庭天井，再经过厅到后花园是庞贝住宅布置的习惯布局方式，使用方便，空间层次丰富。

（2）悲剧诗人之家（House of the Tragic Poet）

该住宅位于城的西北部，面对中心公共广场背面广场公共浴室，建筑临街为二层商店，南北向，坐北朝南，从中间入口走道通向一个中庭天井，庭的中心设一方形水池。池旁放一石桌，中庭后为一敞厅，起到客厅的作用，敞厅后是一个小型的列柱围廊式花园，花园西北角建一壁龛式小庙，在小花园和敞厅的西边，安置卧室。从入口至后面小花园，空间形状、明暗均有变化，丰富多样。花园中的水池、绿化、天空结合建筑围廊，环境自然，生活舒适，从复原图中充分反映了这些特点。

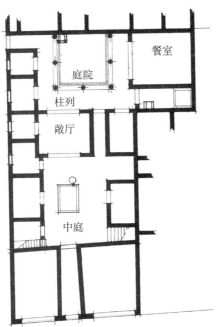

悲剧诗人之家平面　　　　　　　　悲剧诗人之家内庭现况

悲剧诗人之家内庭复原
（Alberitc Carpiceci）

（3）农牧神邸（House of the Faun）

在悲剧诗人之家东面，中间隔着一组住宅，仍为南北向，坐北朝南，只是规模较大，宽40m，进深110m。主入口偏西，通向一个较大的中庭天井，此中庭方形水池里立一小人跳舞的雕像，从遗迹还可看到他活泼可爱的形象；此中庭天井东面，还有一个四柱式的水中庭，它直对偏东的供宾客使用的临街次要入口。主入口中庭天井往北，通过穿堂屋布置一个列柱围廊式花园，在柱廊右侧东北角设一通道，就到最北面的大花园。此大花园的特点是双柱廊式，从复原图可领会到它的多样变化和庭园的自然，以及更加丰富的空间层次与多姿多彩。

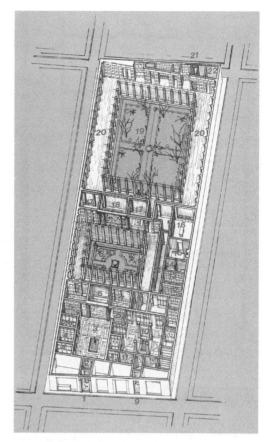

农牧神邸平面透视

农牧神邸通向花园走道现状

农牧神邸内庭现况

农牧神邸内庭复原（Alberitc Carpiceci）

2. 住宅的大花园中带有水渠

（1）洛瑞阿斯·蒂伯廷那斯住宅（The House of Loreius Tiburtinus）

它是庞贝城中最大的住宅园。其整体为规则式，前宅后园。住宅部分包括三个庭院，入口进来是一水池中庭，在此中庭的前面、侧面布置两个列柱围廊式（Peristyle）庭园。在住宅与后花园之间，以一横渠衔接，在横渠水中有鱼穿梭，于其顶端有雕塑和喷泉，墙上绘有壁画，渠侧面有藤架遮阴。后花园规模大，中心部分是一长渠，形成该园的轴线，直对花园后门，此长渠与横渠垂直连通，中间布置一纪念性小庙喷泉，成为后花园的核心景观。长渠两侧，平行布置葡萄架，葡萄架旁种有高树干的乔木以遮阴，于院墙前摆满盆花，富有层次。

洛瑞阿斯·蒂伯廷纳斯住宅后花园长渠中装饰

洛瑞阿斯·蒂伯廷纳斯住宅后花园长渠

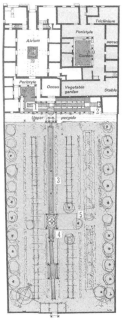

洛瑞阿斯·蒂伯廷纳斯住宅
平面（Alberitc·Carpiceci）

洛瑞阿斯·蒂伯廷纳斯住宅后横渠端部壁画

洛瑞阿斯·蒂伯廷纳斯住宅与后花园衔接的横渠

洛瑞阿斯·蒂伯廷纳斯住宅后花园

（2）尤利娅·费利斯住宅（House of Julia Felis）

　　位于城的东端，其规模比较大。临街为商店，内部除布置有中庭天井、列柱围廊式花园和室内外洗浴处之外，还有一个带有水渠的大花园。此水渠平行于柱廊，较宽，如长河一般，上有多条石板通向花园，其作用除提供水源外，还丰富了花园的景观。

尤利娅·费利斯住宅大花园水渠

3. 别墅中带有空中花园

神秘庄园（Villa of the Mysteries）：

此带有宗教意义的别墅，位于城的最西北端，现入口在西南面，为2层建筑。对称布局，在中轴线的中心为一个长方形的托斯卡纳（Tuscan）式中庭，中庭后为横向长方形的列柱围廊式大花园，在大花园右边还有小的房间和庭园，于托斯卡纳式中庭前面有一埃及风格壁画的房间，再往前是一个临入口面的半圆形敞厅，其两侧各有一个L形的二层空中花园，在二层的敞厅和较大的空中花园，可观赏到大海美景，让人心旷神怡。

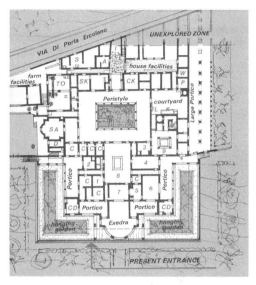

神秘庄园平面

神秘庄园外景复原（Alberitc Carpiceci）

4. 花园壁画

（1）浴室中的花园壁画

庞贝浴室（Frigidarium of the stabian baths）墙面壁画，中间大幅画为花果树群，凹处有立柱，立柱顶端水盆喷水，两侧墙上画面为穿梭在水中的游鱼，很有大自然的生气。

在另一浴室中，墙壁镶有由陶瓷马赛克拼成的壁画，主题是一妇女在花园中，背景为树木花草，有一妇女端坐在花园的树荫下，正在观景乘凉，旁有一人伺候她。

庞贝公共浴室中花园壁画（Marie Luise Gothein）

庞贝公共浴室中花园壁画中心部分（Marie Luise Gothein）

（2）列柱围廊式花园墙面上的花园壁画

其中有一实例，底部为凹形变化的围栏，在退后半圆形围栏前立有喷水池，池下有高柱支撑，围栏后是花木，树上有鸟，花香鸟语。

（3）别墅中花园壁画

其内容是，建筑在石台上，二层空廊围成"冂"字形，中心为半圆

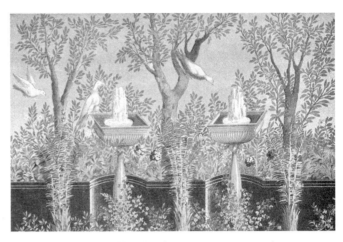

庞贝住宅花园墙壁上的花园壁画（Marie Luise Gothein）

形门廊入口，前面有两条矩形花坛，花坛边有矮围栏；建筑内通向一个中庭。

这种花园壁画做法，在世界各地一直延续使用至今，到了21世纪它更有发展，利用高科技手段电子媒介来呈现大自然园林景观，可有山水、森林、海洋等场景，如美国在许多医院中采用变化的电子显示屏，让病人可观赏到四季变化的园林自然美景，以帮助达到康复的目的。这一新进展，值得我们关注，今后可在各公共建筑中应用这种花园壁画新做法。

庞贝别墅中花园壁画（Marie Luise Gothein）

（三）临海建筑与花园

在海边建有别墅，其位置选得好，从水面看建筑或从建筑望水景都可获得美的景观；临水面建有平台，以便观景；平台后建有柱廊，柱廊后布置各类花园，便于对空间进行分隔，并且不挡水景视线；建筑建在台面上，有踏步，实用且美观。这是其基本特点，下面举几个实例加以说明。

1. 阿赫诺巴尔比（Ahenobarbi）凉廊别墅

在詹努特里（Giannutri）岛上，建在海边，面向大海，现在遗留有孤立的石柱，这是面海的石柱廊，为石结构；还遗留有台地和踏步，砖铺地；建筑的位置非常好，从海上几海里外就能看到它。此外，还有一些小的洞穴痕迹。

阿赫诺巴尔比凉廊别墅遗址（Georgina Masson）

2. 劳伦蒂诺姆别墅园（Laurentinum Villa）

此园系罗马富翁小普林尼（Pliny the Younger）在离罗马17英里的劳伦蒂诺姆海边建造的别墅园，建于公元1世纪，其用途是，公余之暇可乘马车到此休息、进膳或招待宾客。此地避风、安静，除非有大风才能听到波涛响声。其主要面朝向海，建筑环抱海面，留有大片露台，可在露台活动，观赏海景。建筑的朝向、开口，植物配置、疏密，都与自然相结合，使自然风向有利于冬暖夏凉，建筑

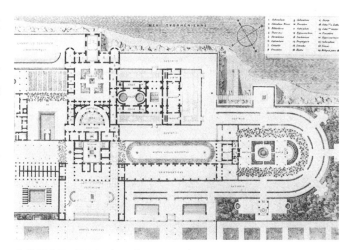

劳伦蒂诺姆别墅平面复原（Moniteur）

劳伦蒂诺姆别墅剖面复原（Moniteur）

劳伦蒂诺姆别墅外景透视复原（Moniteur）

内有3个露天中庭花园，布置有水地、花坛，很适宜休息闲谈；入口处在背海面，前有柱廊、雕像；花园绿化，种上香花，取其香气，主要树木为无花果树和桑树，还有葡萄藤架遮阴和菜圃等，内容十分丰富。

（四）吸收埃及、希腊文化的哈德良宫苑（Hadrian's Villa）

此园建于公元118～138年，地点在罗马东面的蒂沃利（Tivoli），是黑德里爱纳斯皇帝周游列国后，将希腊、埃及名胜建筑与园林的做法、名称搬来融合的一个实例，这是它的特点。该园面积大，建筑内容多，除皇宫、住所、花园外，还有剧场、运动场、图书馆、学术院、艺术品博物馆、浴室、游泳池以及兵营和神庙等，像一个小城镇。多年来，它用作政府中心，因而可称为皇家宫苑。

宫苑用地南高北低，高差40m，系南北向长方形坡地，其总体布局为自然加规则式，根据地形，在东面坡地种植林木，为自然风景式，中间建有圆柱亭式的希腊维纳斯神庙；入口在西北面低处，近入口安置建筑院落群、庭园绿地，有大大小小的希腊列柱围廊式花园，为居住、办公使用。在模型A处是海的剧场，它是一个小花园房套在圆形建筑内，由圆形的水面环绕着，其形如岛，故称海剧场（Marine Theatre），内部有剧场、浴室、餐厅、图书室，还有皇帝专用的游泳池，这种圆形水池设桥进入的做法，后影响到文艺复兴时期兰特别墅园（Lante Villa）和博博利花园（Boboli Garden）中伊索洛陀（Isolotto）园。在东南面模型B处是卡诺珀斯（Canopus）运河，是在山谷中开辟出119m长、18m宽的开敞空间，其中一半的面积是水，河边立有人柱雕像，人像为柱身，头顶柱头是仿希腊雅典人身柱形式，入口

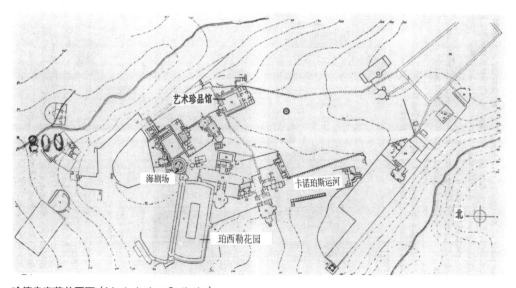

哈德良宫苑总平面（Marie Luise Gothein）

券拱空廊，中立埃及雕像，现存梵蒂冈博物馆。这些雕像虽然仿希腊、埃及，但完成形式已有罗马风格，运河后面坡地以茂密的柏树林衬托，其总体格局仍属希腊列柱中庭式，只是放大了尺度，此处的尽头处为宴请客人的地方。在北端模型C处是半公共性珀西勒（Pecile）花园，长232m、宽97m，四周以柱廊相围，长边两顶端为绿地，中轴线上立有雕像，长边中间边部为花坛，中间长方形空地为备有战车的赛马场，是从希腊学来的，称为"Poikile"。在模型D处是珍藏艺术品的博物馆。

哈德良宫苑总体模型复原（Georgina Masson）

哈德良宫苑海剧场（Georgina Masson）

哈德良宫苑运河（Georgina Masson）

哈德良宫苑运河入口（Georgina Masson）

哈德良宫苑维纳斯神庙（Georgina Masson）

哈德良宫苑海剧场遗址画（Georgina Masson）

六、中国

中国是世界著名的文明古国之一。中国文明时期起于公元前21世纪，沿黄河流域发展的夏、商、周王朝。至公元前770年~前481年为春秋时期，公元前480年—前221年起于战国时期。接着秦王朝起于公元前220年，亡于公元前206年；两汉王朝汉高祖在位起于公元前202年，从公元前140年起为汉武帝继位统治时期。

关于园林建设方面，在历史记载的周文王建造的灵囿基础上，秦汉时期又发展了宫苑。园中有宫，有观，有园林。有的在苑中养百兽，供帝王狩猎，此猎园保存了囿的传统。汉武帝刘彻在汉长安城外的西南部建起了有太液池的建章宫苑和有昆明池的上林苑，这是两座大规模的宫苑。西汉时还出现有贵族、富豪的私园，规模比宫苑小，内容为囿与苑的传统，以建筑组群组合自然山水，如梁孝王刘武的梁园，茂陵富人袁广汉构石为山的北邙山下园等。至南北朝时期，形成了由山水、植物、建筑组合的自然山水园。下面介绍建章宫苑和浙江绍兴兰亭自然山水园。

（一）建章宫苑

该宫苑建于公元前2世纪，位于陕西西安。选择这个实例，主要是说明它是"一池三山"园林形式的起源。书中记载，建章宫"其北治大池，渐台高二十余丈，名曰太液地，中有蓬莱、方丈、瀛洲，壶梁象海中神山、龟鱼之属"。这种形式一

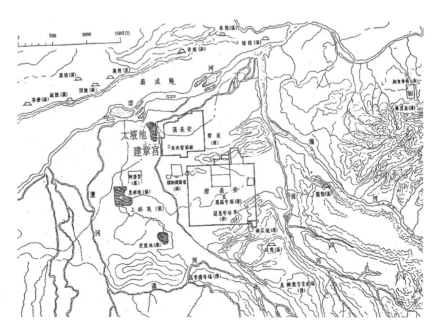

位置（引自《中国建筑史》）

建章宫鸟瞰（原载《关中胜迹图志》）
①蓬莱山　②太液池　③瀛洲山　④方壶山　⑤承露盘

直为中国后世所仿效，并影响到日本。如中国的杭州西湖、北京的颐和园等都采用了这一模式。从景观来看，这种模式确实可丰富景色，从岸上观水面，增加了景色层次，从水中三山上可看到依水而建的主题景色。所以说，"一池三山"形式是一种造园的手法，但要视具体情况灵活采用。

（二）浙江绍兴兰亭园

此园位于绍兴市西南14km的兰渚山下。最早是在晋代永和九年（公元353年）夏历三月初三日，大书法家王羲之邀友在此聚会，他写了一篇《兰亭集序》，序中描述有："此地有崇山峻岭，茂林修竹，又有清流激湍，映带左右，引以为流觞曲水"。"流觞曲水"做法，自此相传下来，每逢三月初三日，好友相聚水边宴饮，水上流放酒杯，顺流而下，停于谁处，谁就取饮，认为可被除不祥。后在园林中常建"流觞曲水"一景，如在北京故宫乾隆花园、恭王府花园、潭柘寺园林中都设有

流觞曲水（中间坐者为张镈先生）

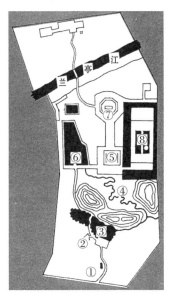

平面
①大门　②鹅池亭　③鹅池
④流觞曲水　⑤流觞亭
⑥兰亭碑亭　⑦御碑亭
⑧王右军祠

兰亭与流觞曲水

此景。这里介绍此实例，主要是说明这一时期的中国造园，大都选在自然山水优美
处，其布局亦是自然风景式，对植物本身不作整形，同样为自然样式。此园的具体
特点有：

　　1. 自然造景。进入此园，系依坡凿池建亭，创造一鹅池景，相传王羲之爱鹅，亭中"鹅池"碑上之字系王羲之所书。转过山坡见兰亭，右转，即为由山坡林木、曲水、石组成的"流觞曲水"景。此二景皆为自然景观。

　　2. 建筑布局较为规整。北面建筑的中心形成一轴线为流觞亭、御碑亭，御碑亭内有康熙御笔《兰亭序》和乾隆诗《兰亭即事一律》。其西为"兰亭"碑亭，"兰亭"两字为康熙所书；其东为"王右军祠"，系一对称的水庭院落，内有王羲之塑像，回廊壁上嵌有唐宋以来10多位书法名家临摹《兰亭集序》的石刻。

"流觞曲水"画

　　3. 历史文化景观。此园成名，除自然景观富有情趣外，主要是有王羲之《兰亭集序》书法、御笔、历代书法家临摹以及"流觞曲水"等文化内容。

鹅池

王右军祠

附. 北京故宫乾隆花园"流觞曲水"

第二章 中古时期

（约公元 500 ~ 1400 年）

历史背景与概况

罗马帝国在公元395年分为东西两部。公元479年西罗马帝国被一些比较落后的民族灭亡，经过较长一段战乱时期，欧洲形成了封建制度。我们将西罗马灭亡至公元1400年左右资本主义制度萌芽之前划为一个阶段，即公元500 ~ 1400年，称其为中古时期。我们不能以形成封建制度为界，因东西方进入的时间相差甚远。在中古时期，欧洲是以基督教为主，基督教分为两大宗，西欧为天主教，东欧为东正教。

公元395年后，东罗马是以巴尔干半岛为中心，属地包括小亚细亚、叙利亚、巴勒斯坦、埃及以及美索不达米亚和南高加索的一部分，首都君士坦丁堡，是古希腊的移民城市拜占庭旧址，后来称拜占庭帝国。公元7世纪，穆罕默德创建了伊斯兰教，此教在阿拉伯统一国家形成过程中起了很大的作用。至公元8世纪中叶，阿拉伯帝国形成，其疆域东到印度河流域，西临大西洋，是一个横跨亚非欧三洲的大帝国，中心在叙利亚。当时，世界上只有中国（唐朝）能与其相比。公元9世纪后期，阿拉伯帝国日趋分裂。阿拉伯所征服的埃及、美索不达米亚、波斯、印度等地，都是世界文化发达较早地区，他们吸取各地优秀传统文化，形成新的阿拉伯文化，这一文化影响着西亚、南亚和地中海南岸的非洲和西班牙等国。此时期的东方是以儒家、佛教文化为主。因而可以说，中古时期基督教、伊斯兰教、佛教与道家、儒家文化影响着各地域的造园。

西部欧洲受基督教文化影响，发展了修道院园和堡垒园。中部受伊斯兰教文化影响，发展了波斯伊斯兰园、印度伊斯兰园和西班牙伊斯兰园，它们的造园基调基本一致，但有各自的地方特点；因波斯伊斯兰园、印度伊斯兰园现存实例的建园时间偏后，故将其放在第三阶段介绍。东部中国佛教禅宗无色世界观思想影响着造园，并波及日本，在中国的造园，同时继续受老子崇尚自然的影响；由于此时期中国发展的自然山水园的类型较多，所以多举了几个实例。

这一时期所举的实例，包括意大利三个修道院，它代表了修道院仿伊甸园庭园布局的基本模式，在回廊式方形中庭中由十字形路划分出四块规则形绿地，中心处布置喷泉水池；还有中古时期后期两个意大利爱的生活花园以及意大利著名的《寻爱之梦》一书中介绍的棚架亭花园和有香有彩的花园；法国万塞讷城堡园和一幅《玫瑰传奇》插图，这是应战乱社会需要而发展的一种格局，城堡内种植生活需要的草木，城堡外密植树丛；《玫瑰传奇》插图说明了中古时期园林的技艺已达较高的水平，并说明公元11世纪后，战争逐渐平息，城堡园已逐步转向休闲娱乐的功能；西班牙格拉纳达的阿尔罕布拉宫苑和吉纳拉里弗园，它们是西班牙伊斯兰园的典型，西班牙称其为"Patio"（帕提欧）式，由阿拉伯式的拱廊围成一个方形的庭园，庭园中轴线上布置水池或水渠、喷泉，四周种以灌木或乔木，以适应夏季干燥炎热的气候。此外，中国方面举了五个实例，包括两个文人园，一个是在陕西，唐代的辋川别业，另一个是在苏州，宋代的沧浪亭园林，此二园是诗人画家的别墅，园主自己参与设计修建，使自然景观更富有诗情画意，将园林艺术又提高了一步；还有一个可为广大市民使用的自然山水式的城市大园林杭州西湖，西湖紧贴城市，"三面云山一面湖"，湖中鼎立三个小岛，是沿袭汉代建章宫太液池中立有三山的做法，即"一池三山"模式，湖的西、南、北三面绿树成林，造有许多景点，各有特色，形成"园中之园"景观；第四个实例是皇宫的后花园北京西苑（今北海部分），此园是在一片沼泽地上，挖池堆山，造成山水园，山上造景多处，池的东、北面陆续开辟了许多景点，以游览路线将这些园中之园连接起来，山顶高处是城市立体轮廓的标志点，还起到城市防御的作用；第五个实例是中国寺庙式园林四川都江堰伏龙观，周围环境清幽，寺庙整体布局为台地庭院式，中轴线突出，林木遮阴，在中轴线侧面布置自然式小花园，供前来寺庙的大众歇息，它代表了中国寺庙园林的特点。日本这一阶段处于飞鸟时代（公元593～701年），受中国汉建章宫"一池三山"影响，营造神话仙岛；794年建都平安京（现京都），进入平安时代，盛行以佛教净土思想为指导的净土庭园，称其为舟游式池泉庭园，这里选岩手县毛越寺庭园为例；后进入镰仓时代（公元1192～1333年），其净土思想与自然风景思想相结合，在舟游式池泉庭里加进了回游式，这里选京都西芳寺庭园为例。

一、意大利花园

这一时期，欧洲战乱，意大利受基督教文化影响，发展了修道院园和堡垒园，自公元11世纪以后，战争逐渐平息，各地花园由种果、种菜、种药需要转向成为人们休息、娱乐和谈情说爱的地方，也就是爱的生活花园；这时还存在有自然风景式园林里建造人工大水池及水池中建筑的实例。这一时期后期，在著名的《寻爱之梦》一书中介绍了棚架亭花园、有香有彩的花园，说明这时花园的特点和爱的生活花园的另一种做法。

下面按时序介绍一些实例。

（一）修道院庭园

　　修道院建筑及其庭园，于6世纪初创建于意大利罗马附近，后在意大利从南到北发展起来，阿尔卑斯山脚下都建有修道院，后影响到法国、英国等地，它相当于中国的寺院，僧侣们过着自给的生活。其建筑与庭园布局形式为回廊式中庭，是仿效希腊列柱围廊式庭园的做法，只是尺度放大了；方形庭园由十字形路划分成规则形绿地，这里是僧侣休息和交流的地方；庭园绿地的内容，包括种植药材、果树和蔬菜，以供生活需要，后来发展将这些实用植物搬至另外地方，庭园内花坛配以观赏树木，中心放置水池喷泉，变成纯观赏的庭园。

　　举3个罗马修道院实例于后。

1. 圣保罗修道院（St. Paul's Cloister）

　　建筑为2层，低层为低柱廊，陶瓷锦砖石柱，像意大利南方风格，方形庭园的布局，似来源于旧约中描绘的天堂伊甸园和十字形宇宙观，中心即宇宙的中心，布置一有花木的圆形水池喷泉，这样简洁十字形的格局亦适合使用的要求，进出方形围廊式修道院建筑十分方便。

圣保罗修道院从柱廊望花园（Georgina Masson）

2．圣夸特罗·科罗纳蒂修道院（St. Quattro Coronati Cloister）

庭园中心，即十字形路交叉处，放一古罗马喷泉水池，其下有石柱托着上面两个叠放着的圆形水盆，非常醒目，它成为全庭园视线的焦点，这是修道院庭园布置的一个重要特点。

3．圣玛丽亚·拉赫修道院（St. Maria Laach Monastery）

有一种说法，天堂园在修道院，天堂园的种植，花坛中心高一些，在柱廊前为较低的条状花木镶边，全园花木不高，没有高大的乔木，不遮阴，不遮挡视线，这也是修道院庭园布置的另一特点。

圣夸特罗·科罗纳蒂修道院花园中心喷泉（Georgina Masson）

圣玛丽亚·拉赫修道院花园一角（Marie Luise Gothein）

（二）爱的生活花园

欧洲中古时期，宗教统治，封建割据，战争连绵不断，社会秩序混乱，所以城堡庭园发展起来，以防御敌人的攻击。公元11世纪以来，战争逐渐在平息，随之各地建造的花园由生产实用功能逐渐转向休息娱乐消遣方面，形成爱的生活花园。

1. 皮萨花园（Pisa Garden）

前面是草地，后面是花木丛林，有着象征爱的树，右首为一位男士在拉琴，还有一位男士在手弹弦琴，从左边可以看出有一以方形瓷砖贴面的矮墙座，男男女女坐在这矮墙座上，谈笑风生，欣赏音乐琴声和大自然的美，这是为人们创造谈情说爱机会的花园。此画出于14世纪后，之后还有一木刻画，可称为爱的花园画，画面是草地、花木、石桌，桌上放满水果，背景是树丛、建筑、飞鸟，前景还有几对情侣在谈情说爱，此时的花园已具有情侣园的功能。

皮萨花园（Marie Luise Gothein）

爱的花园木刻画（Marie Luise Gothein）

2. 米兰花园

这是反映生活的花园壁画，出于14世纪，内容是玫瑰蔓生的草地和石榴树、架藤植物，右边有一妇女和狗，左面是水池和群鸭，背景为林木。还有一局部画面，在草地上有一石桌，人们围坐正在打纸牌游戏，这些都是生活花园的写照。

在花园中游戏（Georgina Masson）

米兰花园（Georgina Masson）

（三）意大利《寻爱之梦》书中反映中古时期末期意大利花园的两张插图

　　《寻爱之梦》书的全名是《波利菲利寻爱之梦》（Hypnerotomachia Poliphili），1499年出版在威尼斯，书的作者是弗朗切斯科·科隆纳（Francesco Colonna），主人公波利菲利追求女主角波利亚（Polia），最后获得成功，梦醒故事结束。梦中描述的主要是意大利文化，包括建筑、园林、音乐、雕塑、服饰、礼仪、炼金术等等，十分广泛，反映了意大利文艺复兴前及其初期的文化情况，对法英都有影响，1546年出版了法译版，1592年英译版问世。这里选了书中的两张花园插图，说明文艺复兴时期前，即中古时期末期意大利花园的特点。

1. 棚架亭花园

　　图中心为棚架亭，建在台上，棚架植物遮阳，亭前为水池，泉水流入池中，后面围栏前种一行树，池前是草地，人们在草地上奏乐、休息、轻松谈笑，这也是爱的生活花园的一种做法。

棚架亭花园

2. 有香有彩花园

画面为棚架牵藤植物，种有玫瑰、茉莉，有香味有色彩，还有水池、草地，围栏边种树，在中世纪末期至文艺复兴初期，意大利人对此格外感兴趣，它代表了此时的花园景色。

有香有彩花园

二、法国城堡园

欧洲中古时期，宗教统治，封建割据，战争不断，社会混乱，所以城堡园在法国和英国等地发展起来。它的特点是四周筑有城墙、城楼的防御城堡，其内是领主的府邸，布置有庭园，城堡之外亦有园林。这种形式的产生，主要是由于防御敌人的攻击。下面介绍一个法国实例和一张长诗《玫瑰传奇》（Roman de la rose）手抄本中的插图，该长诗是13世纪法国诗人基洛姆·德·洛瑞思（Guillame de Lorris）所作，这张绘图是当时画家对城堡庭园的写实画。

（一）巴黎万塞讷城堡园（Castle Of Vincennes）

在城堡内种植有玫瑰（Rose）、万寿菊（Marigold）、紫罗兰（Violet）等，在城堡外密植树丛。

城堡园与修道院的相似之处是，根据自给的需要，栽植有果树、药草和蔬菜，并逐步增多观赏的花木、修剪的灌木和建筑小品、喷泉、盆池、花台、花架等，将观赏娱乐和实用结合在一起。

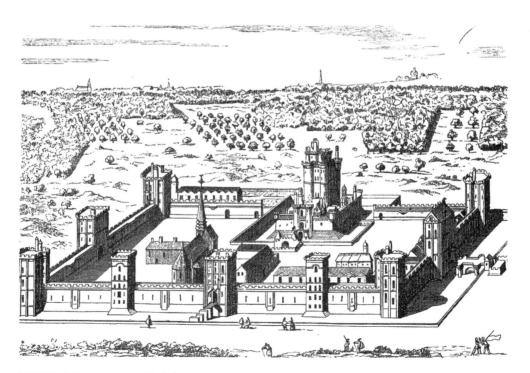

复原鸟瞰（Marie Luise Gothein）

这种栽植果树和蔬菜的做法，后来发展成为果蔬园（Kitchen Garden），于公元17世纪前后在意大利私人别墅里附带有成片的水果园和蔬菜园，或在皇家宫苑旁专门开辟果蔬园，如法国巴黎凡尔赛宫苑外西南面，布置了一长方形果蔬园，专门供应皇家生活需要。这些实例使我们联想到，我国的村民在各自的宅院中亦种植果蔬，供自家食用，现城镇居民也可这样做，在一楼底层庭院前和二楼及其以上的各户阳台中，以及楼房的屋顶上，均可安排小型的果蔬园，目前极少数地方已实施，建议今后可大力发展这种住区的果蔬园，它不仅能提供部分的新鲜果蔬，还可绿化住所，改善环境，愉悦身心，有利健康，值得推广。

（二）《玫瑰传奇》插图

这是城堡内的庭园，庭园在墙之内，墙外是一对情人，进门来是以石围起的花坛，后面种植着整齐的果树，此园内一位男士正在倾听另一园内传来的悦耳歌声，环境清幽典雅，再往左通过木制的格墙门进入另一庭园，中心是圆形水池，池中立着铜制的狮头喷泉，水顺沟渠流出到墙外，人们在奏曲高唱，心绪格外放松，后面倾听者十分入神，脚下是草地，背后是茂密的花木，这一庭园花香鸟语，琴声歌声，绿树成荫，流水潺潺，亲切、简朴、美妙、愉快，给人以美的享

透视图（Roman De La Rose）

受。这种中古时期园林的技艺和观赏的结合，达到较高水平，是以后造园艺术的基础。公元11世纪以来，战事逐步在平息，随之城堡园的生产实用功能也逐渐转向休息娱乐消遣的方面。

三、西班牙伊斯兰园

伊斯兰教是如何传入西班牙的呢？公元711年阿拉伯人和摩尔人（摩尔人是阿拉伯和北非游牧部落柏柏尔人融合后形成的种族）通过地中海南岸侵入西班牙，占领了比利牛斯半岛的大部分。在13世纪末，西班牙收复失地运动大体完成。阿拉伯人只剩下位于半岛南部一隅的格拉那达王国的据点，一直到1492年这个据点才被收复，从此结束了长达7个世纪被阿拉伯人占领的局面。这里介绍两个典型的西班牙伊斯兰园，就是建在格拉那达城的皇宫内。

（一）阿尔罕布拉宫苑（Alhambra）

该宫建于公元1238 ~ 1358年，位于格拉那达（Granada）城北面的高地上。此

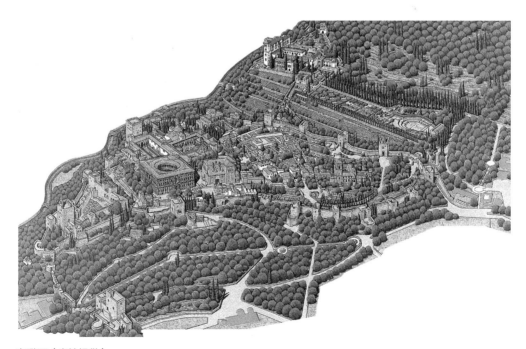

鸟瞰画（当地提供）

位置（当地提供）

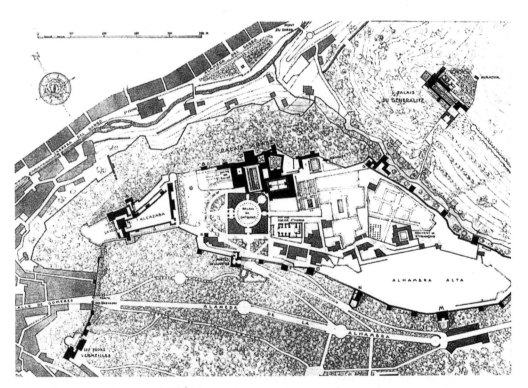

总平面（Hélio paul et Vigier, 1922）

宫建筑与庭园结合的形式是典型的西班牙伊斯兰园，它是把阿拉伯伊斯兰式的"天堂"花园和希腊、罗马式中庭（Atrium）结合在一起，创造出西班牙式的伊斯兰园，西班牙称其为"帕提欧"（Patio）式。下面着重介绍此宫庭园方面的特点。

1. 这组建筑是由四个
"帕提欧"和一个大庭园组成的

　　"帕提欧"（Patio）的特
征是：①建筑位于四周，围成
一个方形的庭园。建筑形式多
为阿拉伯式的拱廊，其装修雕
饰十分精细。②位于中庭的中
轴线上，有一方形水池或条形
水渠或水池喷泉。在夏季炎热
干燥地区，水极为宝贵，可取
得凉爽湿润的感觉。③在水
池、水渠与周围建筑之间，种
以灌木、乔木，其搭配数量各
不相同。④周围建筑多为居
住之所，还有些地方将几个这
类庭园组织在一起，形成"院
套院"，这一点同苏州园林相
仿。此宫庭园的4个"帕提欧"
具有上述的全部特征，十分典
型。

2. 姚金娘庭院（Court
of the Myrtle Trees）

　　这个庭园是45m×25m，
正殿是皇帝朝见大使举行仪式
之处，庭园南北向，两端柱廊
是由白色大理石细柱托着精美
阿拉伯纹样的石膏块贴面的拱
券，轻快活泼，建筑倒影水池
之中，形成恬静的庭园气氛。
在水池两侧种植两条姚金娘绿
篱，故此处名为"姚金娘"庭
园。它是属于中庭为大水池的
"帕提欧"类型。

姚金娘庭院

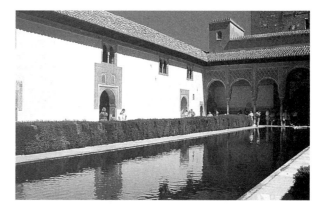

姚金娘庭院侧面

狮子院水渠伸入建筑中

3. 狮子院（Court of Lions）

此院为30m×18m，是后妃的住所。此庭院是属于十字形水渠的"帕提欧"类型，水渠伸入到四面建筑之内，在水渠端头设有阿拉伯式圆盘水池喷泉，可使室内降温清凉。庭院四周是由124根细长柱拱券廊围成，其柱有3种类型，即单柱、双柱和三柱组合式，显得十分精美。最突出之处是在院的中央，立一近似圆形的十二边形水池喷泉，下为12个精细石狮雕像，水从喷泉流下连通十字形水渠，此石狮喷泉成为庭院的视线焦点，形成高潮，故此院名为狮子院。原院中种有花木，后改为砂砾铺面，更加突出石狮喷泉。

4. 林达拉杰花园（Lindaraja garden）

从狮子院往北，即到此园，这处后宫属于中心放置伊斯兰圆盘水池喷泉的"帕提欧"类型。环绕中央喷泉布置规则式的各种花坛，花坛是以黄杨绿篱镶边。在此花园西面，还有一柏树院（Cypress court），是后来17世纪时扩建的，同样属于中心喷泉式"帕提欧"类型。

5. 帕托花园（Pattie garden）

这一花园不是以建筑围成的园，不属于"帕提欧"型。这里比较开敞，是一台地园，下面有一大水池，沿其轴线的台地上有一水渠，水沿阶流下同池水相连，在此眺望城下景色，视野开阔，这些是此园的特色。在此又形成了一个景观高潮。

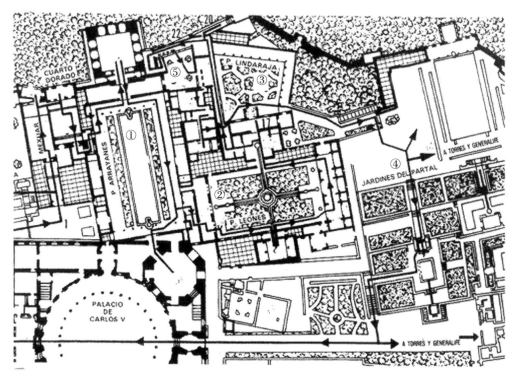

平面（Editorial Escudo de Oro, S.A.）
①姚金娘庭院　②狮子院　③林达拉杰化园　④帕托花园　⑤柏树庭院

狮子院中央石狮雕像

狮子院拱卷

狮子院围廊

林达拉杰花园

帕托花园（从台上下望）

帕托花园（从底下水池上望）

（二）吉纳拉里弗园（Generalife）

　　它是另一个宫廷庭园。当地还有一种说法，根据园的名称是从"Gennat-Alarif"而来，其意是"Garden of the architect"，即建筑师的花园，为建筑师所有。此园位于阿尔罕布拉宫东面，顺阿宫城墙左转即可到达。其特点是：

1. 这处庭园比阿尔罕布拉宫高出50m，可纵览阿宫和周围景色，它与阿宫形成互为对景的关系，彼此呼应，整体和谐，这是此园的一大特点。

2. 在进入主要庭园之前，布置有一长条形的多姿多彩的条形花园，在条形花园的纵向轴线上设有条形水池，水池间放有不同形状的水池喷泉，水喷成拱门形状，水池两侧布满花卉和玫瑰，在花卉两旁有绿篱绿树相衬，层次丰富，色彩鲜艳。此园具有明显的导向性，使游人轻松地漫步到北面尽头的庭院内。

3. 从条形花园北端的庭院中转一个方向，就进入了此园的主庭园，它是一个典型的中庭为条形水池的"帕提欧"。所围建筑为拱廊式，条形水池纵贯全园，池边喷出拱状水柱，两侧配以花木，在阳光照射下，五彩缤纷，灿烂夺目。在条形水池两端，还各置一形如莲花的喷泉，使此主庭园显得格外精致。在这里形成了一个结束参观前的景观高潮。

1996年7月，中国建筑师代表团100多人，在参加第19届国际建筑师协会大会后，专程到格拉那达城观看这两个历史名园，大家都兴奋不已，在园中流连忘返。

上述11个实例，可大致看出西欧中古时期园林发展的特点，就其总体而言，造园是封闭式的，布局是规则式的，它反映了当时社会政治思想的特点。

条形花园中部大水池喷泉

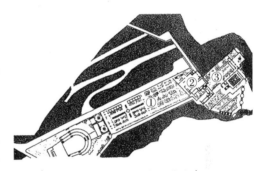

平面（Editorial Escudo de Oro, S.A.）
①条形花园　②转折处庭院　③主庭园

石盆喷泉

从拱廊望主庭园

主庭园

转折处庭院

四、中国自然山水园

　　这一阶段主要为隋、唐、宋（辽、金）、元朝时期，中国的自然山水园得到了发展，皇家园林著名的有隋时洛阳"西苑"、唐时骊山"华清宫苑"、北宋东京的"艮岳"宫苑等，此时期官僚、富商、地主等与皇家园林同时发展起来，一些文人参与造园，使景观富有"诗情画意"，将园林艺术与技术提高了一步。这里选择了5个实例，两个文人园，即唐辋川别业、宋苏州沧浪亭，一个城市大园林杭州西湖，一个皇家园林北京西苑北海，还有一个寺庙园林四川伏龙观。

（一）辋川别业

　　此园是唐代诗人兼画家王维（公元701～761年），在陕西蓝田县西南10多公里处的辋川山谷修建的别墅园林，今已无存。但从《关中胜迹图志》中可看到其大致面貌。该别墅园的特点是：

　　1. 利用山林溪流创造自然山水景观。在山川泉石所形成的景物场地，于可休息处、可观景处筑亭馆，创造富有"诗情画意"的个个景点。

　　2. 景点"诗情画意"。入园后不远，过桥进入斤竹岭下的文杏馆，因岭上多大竹，题名"斤竹岭"，在岭下谷地建文杏馆，"文杏裁为梁，香茅结为宇"，得山野茅庐幽朴之景；翻过茱萸沜，又有一谷地，取"仄径荫宫槐"句，题"宫槐陌"，此景面向欹湖；欹湖景色是"空阔湖水广，青荧天色同，舣舟一长

辋川别业园图（原载《关中胜迹图志》）

啸，四面来清风"，为欣赏这湖光山色，建有"临湖亭"；沿湖堤植柳，"分行接绮树，倒影入清漪"，"映池同一色，逐吹散如丝"，故题"柳浪"。这些景点都富有"诗情画意"。

3. 景点连贯形成整体。进园入山谷，游文杏馆、斤竹岭、木兰柴、茱萸沜、宫槐陌，过鹿柴、北坨、临湖亭，再览柳浪、栾家濑、金屑泉等景点，这条路线有陆、有水，将景点串联在一起，构成辋川别业园的整体。

（二）苏州沧浪亭

该园位于苏州城南部的三元坊附近，是现存最为悠久的一处苏州园林。五代末为一王公贵族别墅，北宋诗人苏舜钦（子美）购作私园，公元1045年在水边山阜上建沧浪亭，并作《沧浪亭记》，逐渐出名。后几度易主，清康熙时大修，形成今日之规模，占地1公顷多。该园的特点是：

1. "崇阜广水"的自然景观。此园最早最自然，主景"开门见山"，这一点与其他苏州园林不同，外临宽阔的清池，池后为一岗阜，自西向东土石相间屹立，山上建一石柱方亭，名为沧浪亭，在此亭中可纳凉赏月，清风明月本无价，观赏此景诗意浓。

2. 互相借景，景色丰富。在池山之间建一复廊，廊外东头建观鱼处，西面有面水轩，在这里可俯览水景，通过复廊漏窗可看到园内山林景色。此复廊将山水结合，并使园内外景色沟通，游人在园外，就可观赏到层次丰富的主景，在园内复廊漫游，又把水景引入园中，内外互相借景。南端的见山楼，可眺望到郊野美丽的山景。

全景画（南巡盛典1771年）

3. 竹翠玲珑，名人刻像。此园还有两处值得提出，一是在园西南部布置的翠玲珑馆，它位于碧竹丛中，环境清幽，取自苏舜钦诗句"日光穿竹翠玲珑"的意境；二是在主体建筑明道堂西面的五百名贤祠，壁上嵌有历史上同苏州有关的五百位名人的刻像，这些内容都体现着该园的诗情画意和历史文化。

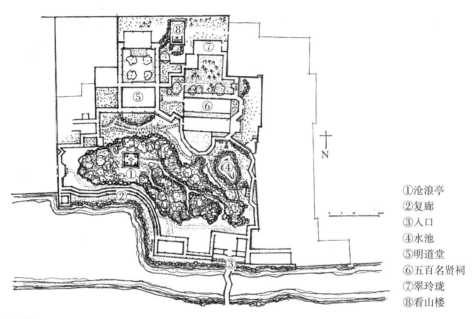

①沧浪亭
②复廊
③入口
④水池
⑤明道堂
⑥五百名贤祠
⑦翠玲珑
⑧看山楼

平面图

"崇阜广水"的自然景观

沧浪亭一角

从复廊内侧望沧浪亭

西部水池柱廊

明道堂庭院

翠玲珑

（三）杭州西湖

　　该自然风景大园林位于杭州市的西面，因湖在城西面，故称"西湖"。在古代西湖是和钱塘江相连的一个海湾，后钱塘江沉淀积厚，塞住湾口，乃变成一个礁湖；直到公元600年前后，湖泊的形态固定下来；公元822年，唐代诗人白居易来杭任刺史，他组织"筑堤捍湖，用以灌溉"；公元1089年，宋代诗人苏东坡任杭州通判，继续疏浚西湖，挖泥堆堤；17世纪下半叶，清康熙皇帝多次巡游西湖，又浚治西湖，开辟孤山。唐宋时期奠定了西湖风景园林的基础轮廓，后经历代整修添建，

小瀛洲连叶荷花

小瀛洲初冬水景

里西湖新绿春景

西湖平面图

西湖自然景色

特别是1949年中华人民共和国建立后，挖湖造林、修整古迹，使西湖风景园林更加丰富完整，成为中外闻名的风景游览胜地。其具体特点有：

1. 城市大型园林。西湖紧贴城市，"三面云山一面城"，这就是西湖园林的地势位置的特点，它同样起着城市"肺"的作用，比起巴黎两个森林公园的作用更为直接。这一特点在中外城市中是存在的，但是极为稀少。

2. 湖山主景突出。现西湖南北长3.3km，东西宽2.8km，周长15km，面积5.6km²，湖中南北向苏堤、东西向白堤把西湖分割为外湖、里湖、小南湖、岳湖和里西湖五个湖面，通过桥孔五湖沟通。西湖的南、西、北三面为挺秀环抱的群山，这一宏观的湖山秀丽景色是西湖的主要景观，其整体面貌十分突出动人。

3. "一池三山"模式。在外湖中鼎立着三潭印月、湖心亭和阮公墩三个小岛，这是沿袭汉建章宫太液池中立三山的做法，后北京颐和园是仿西湖的布局，也是"一池三山"模式。

4. 园中之园景观。这是中国造园的一大特点，园中有许多园景，游览路线将其连接起来形成有序的园林空间序列。西湖的周边、山中、湖中都组织有不同特色的园景，在下面几点中将分类介绍。

5. 林木特色景观。许多景点，绿树成林，各有特色，如灵隐配植了七叶树林，云栖竹林格外出名，满觉陇营造了桂花林、板栗林，南山、北山、西山配置了成片的枫香、银杏、麻栎、白栎等，西湖环湖广种水杉、间有棕榈等，考虑常青与落叶、观赏与经济相结合，很好地构成了西湖主题景色的背景，并突

出了各个景点的特色。

6. 四季朝暮景观。考虑春夏秋冬、晴雨朝暮不同意境景观的创造，这又是一个中国造园的特点。西湖的春天，有"苏堤春晓"、"柳浪闻莺"、"花港观鱼"景观；夏日，"曲院风荷"，接天莲叶无穷碧，映日荷花别样红；秋季，"平湖秋月"，桂花飘香；冬天，"断桥残雪"，孤山梅花盛开。薄暮"雷峰夕照"，黄昏"南屏晚钟"，夜晚"三潭印月"，雨后浮云"双峰插云"。这著名的"西湖十景"，以及其他许多园中园景观展现了四季朝暮的自然景色。

7. 历史文化景观。如五代至宋元的摩崖石刻，东晋时灵隐古刹，北宋时六和塔、保俶塔、雷峰塔，南宋岳王庙，清珍藏《四库全书》的文澜阁，清末研究金石篆刻的西泠印社等历史文化景观，还有历代著名诗人画家留下的许多吟咏西湖的诗篇和画卷，以及清康熙、乾隆皇帝为十景的题字立碑等。这些景

汾阳别墅主景

登楼可望西湖开阔之景（汾阳别墅）

观，为武昌东湖所不及，因而东湖很难胜过西湖。

8. 小园大湖沟通。西湖周围的小园景观不断地增多丰富，这些小园景色与西湖大的景观相结合，构成了其独特的景观。如西面的汾阳别墅，又称郭庄，为清代宋端甫所建，后归郭氏，内部园林以水面为主，但此水通过亭下拱石桥与西湖连通，游人立于亭中，向内可观赏小园景色，向外可纵览开阔的西湖全

石洞沟通小园与大湖（汾阳别墅）

西泠印社高台主景

从西泠印社四照阁望西湖开敞景色

西泠印社中部印泉与登山道

貌，令人心旷神怡。又如北面孤山的西泠印社，建于1910年前后，系一台地园林场所，若从孤山后面登上，站在台地上或阁中，可俯览西湖外湖全景，游人的感受由封闭的花木山景一下过渡到开敞的湖光景色，对比强烈，西湖美景显得格外开阔，这是将台地园景与大西湖景色沟通，紧密地联系在一起的一个做法。

西湖园林，是利用自然创造出的自然风景园林，极富中国园林特色，它是中国乃至全世界最优秀的园林之一。

西泠印社平面图
①后山　②吴昌硕纪念馆　③华严经塔
④题襟阁　⑤四照阁　⑥石室
⑦印泉　⑧柏堂　⑨外西湖

西泠印社后山林木景色

（四）北京西苑（今北海公园部分）

西苑是北海、中海、南海的合称，但此苑的起源部分是在北海，因而在这里仅着重介绍北海部分。10世纪辽代时，这里是郊区，是一片沼泽地，适于挖池造园，遂在此建起"瑶屿行宫"；金大定十九年（1153年）继续扩建为离宫别苑；元至正八年（1348年）建成为大都城中心皇城的禁苑，山称万岁山，水名太液池，山顶建广寒殿；清顺治八年（1651年）拆除山顶广寒殿，改建喇嘛白塔，山改名白塔山，至乾隆年间，题此山为"琼岛春阴"景，成为"燕京八景"之一，并在北海太液池东北岸营建了许多建筑，丰富了北海园景，成为今日的模样。该园的特点是：

1. "琼岛春阴"主景突出。北海的中心景物就是白塔山，即琼岛。岛上建有白塔、永安寺，其中轴线与团城轴线呼应，这一呼应的轴线构成了北海的中心，其他景物都是围绕这个中心布置的。岛的底部布置有阅古楼、漪澜堂等，岛的山腰部分建有庆霄楼庭院和回廊曲径、山洞等，还立有清乾隆皇帝所题"琼岛春阴"碑石和模拟汉建章宫设置的仙人承露铜像。环绕琼岛是太液池水，山水相映，岛景十分突出。

2. 城市水系重要一环。自13世纪元代之后，这里已成为城市的中心地带，北京城的水系是自西北郊向东南郊方向连贯，北海太液池水是北京城水系的重要组成部分，起着连通的作用。

3. 西苑宫城相依相衬。元、明、清三代皇宫皆在今紫禁城位置，西苑北

南面荷景

西面全景

海、中海、南海与景山在其西面北面，以拱形相依，无论在使用功能上，在环境改善上，还是在建筑艺术方面，都是相互依存、相互衬托，构成一个宫苑整体。这一完美的宫苑建筑群实例在世界上也是少有的。

琼岛春阴画（18世纪）

4. 城市立体轮廓标志。北京历史文化名城优美，还在于它具有韵律般的城市立体轮廓，近于60m高的琼岛白塔顶就是其中之一，它是北京旧城的一个重要标志。此制高点，在过去还起着防御的作用，遇有紧急情况时，白日鸣炮，晚上点灯，通知有关部门。

5. 园中之园相互联系。除琼岛上各景点相互联系外，北海水面四周设置许多景点，从岛东过桥顺东北岸游览，园中园有濠濮间、画舫斋、静心斋、天王殿、五龙亭、小西天等，游览路线将其联系贯通。静心斋的园景，除自身园林布局精巧外，它还通过高视景点同北海大园景取得联系，在此可近视小园、远望大园，相互因借。琼岛南对岸的团城是松柏葱郁的又一空中园中园，此城与琼岛的联系更加紧密。

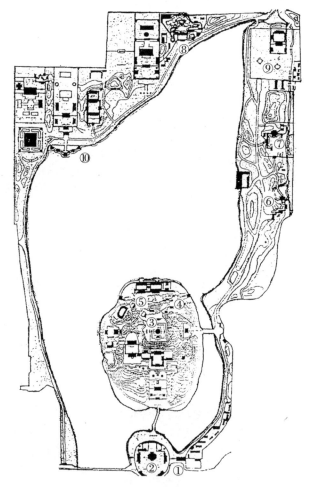

北海平面图

①入口　②团城　③白塔　④琼岛春阴碑　⑤承露盘
⑥濠濮间　⑦画舫斋　⑧静心斋　⑨蚕坛　⑩五龙亭

琼岛白塔全景（新华社稿）

承露盘（立于琼岛西北半山上）

从五龙亭望琼岛

玉瓮雕刻

濠濮间

静心斋中心沁泉廊、镜清斋

静心斋叠翠楼上可远眺北海、景山景色

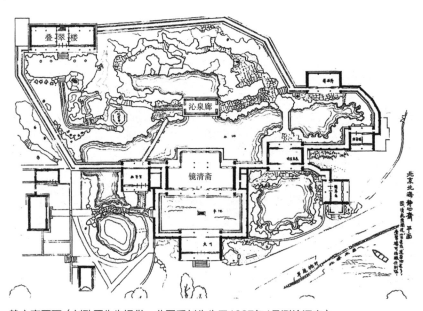

静心斋平面（刘致平先生提供，此图系刘先生于1937年4月测绘调查）

（五）四川都江堰伏龙观

该观位于四川都江堰的离堆之上，11世纪北宋时称为伏龙观，系道教寺庙。传说李冰治水在此宝瓶口下降伏了"孽龙"（江水），故称伏龙观。此离堆东南低、西北高，原与东北对岸之石连为一体，后建分流之水将其凿开，因而叫离堆。此观的特点是：

1. 周围环境，自然幽美。地处两水交叉宝瓶口处，四周山水环绕，向西、北眺望，是宽广的岷江，横跨的安澜索桥，苍绿古林中的二王庙和赵公山、大雪山，景色辽阔自然，古朴幽美。

2. 台地庭院，林木遮阴。此观为三进院落，中轴线突出，三层台地庭院逐步升高，庭院中对称布置树木，院小树顶宽大，庭院常在阴影之下，四面通风，夏日清凉。一层台地为老王殿，二层台地为铁佛殿，三层最高台地是玉皇楼，登楼可览尽自然山水全景。

3. 侧面小园，大众歇息。三层台地东侧布置有小园，西侧安排有船房、观澜亭和绿地。此道观，过去每逢进香之日，对大众开放，这些小园，就作为大众停留歇息之处。

以上选址、庭院、小园就是中国寺观园林的基本特点。

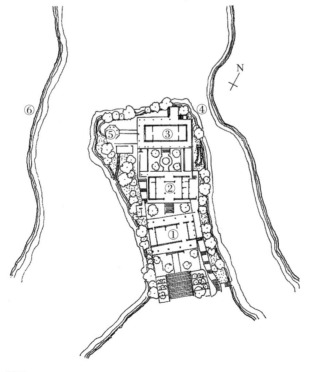

①老王殿
②铁佛殿
③玉皇楼
④宝瓶口
⑤观澜亭
⑥人字堤

平面

全景

侧面及小庭园

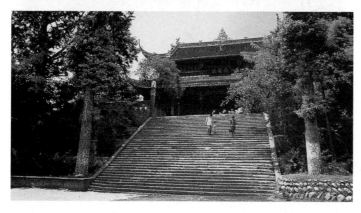

入口

铁佛殿前庭院

玉皇楼前庭院

离堆外景（左
为宝瓶口）

五、日本寺庭园

　　这一阶段日本正处于飞鸟时代（公元593～701年），这时期的日本园林受中国汉建章宫"一池三山"营造神话仙岛的影响；公元794年迁都平安京（现京都），进入平安时代（公元794～1185年），这一时期盛行以佛教净土思想为指导的净土庭园，又可称作舟游式池泉庭园，现存遗址为数极少，这里选岩手县毛越寺庭园为例；后进入镰仓时代（公元1192～1333年），此时追求净土思想与自然风景思想的结合，在舟游式池泉庭园中加进回游式的特点，这里选京都西芳寺庭园为例，它是这一时期的精品之作。

　　西芳寺庭院平面图等皆由张在元先生提供。

（一）岩手县毛越寺庭园

　　该园设计是以佛教净土思想为指导，创造一种理想的极乐净土环境的庄严气氛，其构图是受佛教密宗曼荼罗象征圣地图形的影响，具有明确的中轴线，贯穿着

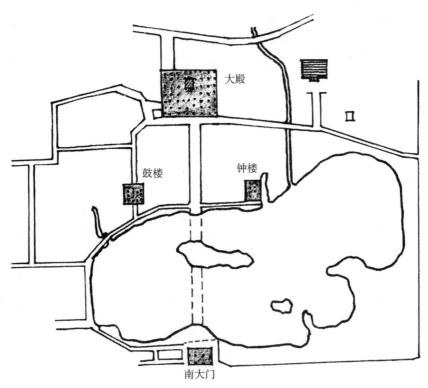

平面

大门、桥、岛与建筑，主要建筑大殿位于此中轴线的尽端，正对南大门，大殿前方左面布置钟楼，右面安排鼓楼，突出对称格局。池中有岛，寓意仙岛，池面开阔、自然，在此净土庭园的池水中可以泛舟游赏，所以将此净土庭园称作"舟游式池泉庭园"。

（二）京都西芳寺庭园

该园位于京都市西南部，建于14世纪上半叶，是由镰仓时代著名造园家梦窗国师设计，占地1.7hm²，其特点是：

1. 舟游带回游。此园改变了以往舟游式池泉庭园的布局，环绕池岛布置建筑、亭、桥、路，并将寺僧使用的堂舍以廊相连，这些路、廊成为游赏之通道，所以该园带有回游式的特点，创造出舟游式带有回游式的庭园。

2. 最早枯山水。在山坡之处布置了枯瀑石组，这是日本最早创造出的枯山水，是后来禅宗寺院中建造的独立枯山水庭的基础。

3. 别称苔寺。此园大部为林木、青苔覆盖，共有苔类50多种，因而又称苔寺。

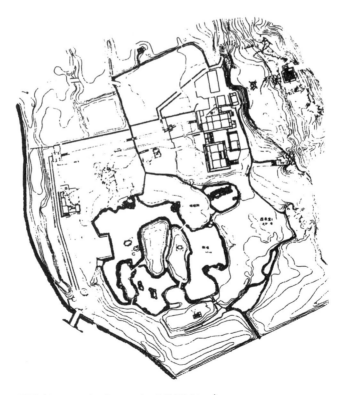

平面（Irmtraud schaarschmidlt Richter）

第三章　欧洲文艺复兴时期
（约公元 1400 ~ 1650 年）

历史背景与概况

　　欧洲文艺复兴发源于意大利，14 ~ 15世纪是早期，16世纪极盛，16世纪末走向衰落。当时意大利威尼斯、热那亚、佛罗伦萨有商船与君士坦丁堡、北非、小亚细亚、黑海沿岸进行贸易。政权由大银行家、大商人、工场主等把持。城市新兴的资产阶级为了维护其政治、经济利益，要求在意识形态领域里反对教会精神、封建文化，开始提倡古典文化，研究古希腊、罗马的哲学、文学、艺术等等，利用其反映人肯定人生的倾向，来反对中世纪的封建神学，发展资本主义思想意识。意大利城市一时学术繁荣，再现了古典文化，并借以发挥，所以将此文化运动称为文艺复兴。这是资本主义文化的兴起，而不是奴隶制文化的复活。文艺复兴的这种思想是人文主义。人文主义是与以神为中心的封建思想相对立，它肯定人是生活的创造者和享受者，要求发挥人的才智，对现实生活取积极态度。这一指导思想反映在文学、科学、音乐、艺术、建筑、园林等各个方面。

　　意大利是个多山多丘陵的国家，全境4/5为山丘地带，海岸线很长，有7000多公里，河、湖、泉不少，在原有基础上，文艺复兴时期迅速地发展了台地园，建筑、台地连续有序，变化多样，立于高层台地上，可俯览全园，并可眺望周围大自然景色，犹如空中花园；在其周围可看到层层高起的绿色景观，亦如望到空中花园一般，这一花园模式的创新发展，成为当时的热点，欧洲各国纷纷效仿。这一时期首先介绍意大利台地园的5个特征，然后按文艺复兴发展的地区顺序，从佛罗伦萨到罗马及其附近地区，再到北部，选择了10个优秀实例加以说明分析。第一个实例是佛罗伦萨郊区卡斯泰洛美第奇家族别墅园，这是因为佛罗伦萨是文艺复兴的起源地，美第奇是银行家，是推动文艺复兴发展的重要人物之一，他们在这一地区连续修建了几处台地园别墅，这个卡斯泰洛台地园，简洁精致，可代表文艺复兴早期的特点；第二个实例是位于佛罗伦萨西南隅的博博利花园，其名称来源于原土地所有者博博利家族的名字，此园原是皮蒂宫的花园，后改建扩充形成"巴洛克"风格，它代表了文艺复兴时期的花园特点；第三个实例是位于佛罗伦萨西北面科洛迪的加佐尼别墅园，此园亦属于"巴洛克"样式，作为夏宫使用，具有美学意义的有机整体，后对外开放；第四个实例是在佛罗伦萨东面塞蒂尼亚诺的甘贝拉亚别墅园，其总体布局是以正方形建筑为中心，在南边布置一个水池花坛喷泉园，东面安排一个下沉式花坛园，于东北、东南两边为自然风景式花园，形成多种样式的园景。第五至第九个实例是在罗马及其附近地区，一是位于罗马近郊的教皇朱利奥三世别墅园，此园采用文艺复兴时期传统的院落群，由一条纵向轴线贯穿3个不同标高的庭园，富有变化；二是位于罗马的美第奇别墅园，其特点是规模宏大，建筑壮观，建筑前面与左侧各布置花坛广场，建筑右侧为一高台花园，具有文艺复兴中晚期向"巴洛克"式转变的特点；三是位于罗马南面弗拉斯卡蒂镇城边缘的阿尔多布兰迪尼别墅园，此园创造出壮丽的水剧场及其后面层叠的瀑布，只是装饰多了些，它亦是代表文艺复兴中晚期转变到"巴洛克"式花园的实例；四、五是位于罗马西北面巴尼亚亚的兰特别墅园和罗马东面蒂沃利的德斯特别墅园，这两个别墅园具有丰富的台地园特征，它们可作为文艺复兴兴盛时期的代表实例。第十个实例是在意大利最北端马焦雷湖中的伊索拉·贝拉别墅园，此园在园艺与手法方面都有新的进展，但在建筑与建筑小品上的装饰过多，为了显示华丽追求了形式的繁琐，它是代表文艺复兴晚期花园的典型。

15 ~ 17世纪上半叶，意大利园林建设成就非凡，许多欧洲国家仿效这种造园模式，影响面很广，在这一章中列举法国6个实例，西班牙和英国各2个实例说明这一问题。

这一时期波斯进入兴盛的萨菲王朝，在伊斯法罕建设了园林中心区，具有波斯和伊斯兰造园融合的特点，我们选择了这个代表西亚地区的实例。南亚印度，此时正处在莫卧尔帝国时代，将印度教与伊斯兰教结合在一起，反映在建筑与造园方面，形成印度伊斯兰式的特点，这里选用了最具代表性的有世界奇迹之称的泰姬陵和夏利玛园两个实例。

这一阶段，东亚中国处于明代，自然山水园在进一步发展，空间序列组合更为完整，诗情画意的整体性更强，园林的内容更为丰富，在此着重介绍具有这种典型特点的苏州拙政园、无锡寄畅园，同时介绍具有坛庙园林特点的北京天坛；另外，这里提一下于明末1631年计成写出的《园冶》一书，这是一本关于中国造园理论与设计的专著，其造园指导思想、园址选择、总体布局以及设计做法（包括相地、立基、屋宇、装折、栏杆、掇山、选石、铺地、墙垣和借景等），均体现着崇尚自然的哲学思想理念，正如该书中所言"虽由人作，宛自天开"，这一思想理念是中国园林的本质特征，故在此提出这本富有理论、历史意义、设计参考的造园专著。日本这一时期是室町、桃山时代和江户时代初期，是日本造园艺术的兴盛时代，选择2个知名的金阁寺庭园和银阁寺庭园实例，反映发展了的回游式池泉庭园特点；还有2个著名的实例——龙安寺石庭、大德寺大仙院，它们代表已发展成熟的枯山水艺术。

一、意大利台地园

欧洲文艺复兴发源于意大利，但此文艺复兴运动的发展是艰难的，到了15世纪下半叶，由于土耳其人攻占了君士坦丁堡，断掉其东方的贸易，佛罗伦萨等地经济发展受到影响，16世纪下半叶至17世纪，罗马教皇和封建贵族逐步重新掌握政权，教皇所在地罗马的建设兴盛起来，而文艺复兴运动和意大利新兴资产阶级受到打击，走向衰落。17世纪下半叶至18世纪，一些有识的建设人才从罗马转到北部地区。

随着文艺复兴的发展，意大利园林的建设成为欧洲园林发展的中心，影响了周围地区，各地纷纷效仿于它。意大利造园的特点是利用坡地造成不同高度的露台园，并将这些不同标高的台地连成一整体，这是他们在造园方面的贡献。根据文艺复兴的初期、极盛、衰落三个时期，意大利的台地园也可分为简洁、丰富、装饰过分（巴洛克）三个阶段。但其总的特征有5个方面：①台地花园，轴线突出；②花坛绿篱，草木丛林；③水景丰富，喷泉瀑布；④雕塑精美，景色生辉；⑤建筑多样，融于自然。在这节里，我们根据文艺复兴发展的地区顺序，从佛罗伦萨地区到罗马及其周围地区，再到北部地区，选择实例对台地园为主的五个方面特征，进行分解分析。这仅为了阐述方便，实际上，各地区都存在着文艺复兴三个阶段的花园作品。

（一）台地园五个特征

1. 台地花园，轴线突出

根据意大利坡地多的地貌条件，创造出台地式花园，做成不同标高的层层台地园，以不同的台阶样式，将台地园连接起来。在这些台地之间有突出的轴线，把台地园贯穿在一起，突出了主要的景观。台地的层次有多有少，以2~4层为最多，亦有5层台地，个别的也有平地园。台地景观多种多样，各有特色，这是特点之一；轴线对景，在各层台地的轴线部位，都是景观的重点，视线的焦点，布置着花坛、喷泉、雕像、瀑布、水池、剧场、中心建筑、丛林等，这是特点之二；第三个特点是空间对比，各处台地空间的大小、形状、开放与封闭、色彩、香味等各不相同，形成对比，突出重点，且有变化；第四个特点是景色多层，各层台地的景观，层层升高，无论从高处向下俯视，还是从低处向上仰视，都似空中景观；第五个特点是序列观景，由于入口的不同，有的从上往下游览，有的从下向上观景，在主要纵向轴线上或其周围的游览道路和台阶上，一路走来，可观赏到变化有序的不同景色。这就是意大利文艺复兴时期台地园的基本特征，从后面的实例中可看到这些特点。

下面按照轴线布局的不同样式，分五类加以说明。

①一条中心纵向轴线

这条轴线贯穿全园，整体简洁清晰。如佛罗伦萨的卡斯泰洛别墅园（Castello Villa），从低处进入，最低一层台地是最大的开敞台地园，通过中心台阶上到第二层横长方形的台地园，再从其侧面高大台阶上到第三层以大水池为中心的丛林台地园，这三层台地园，由一条主要的纵向轴线将全园串联成为一个整体。在佛罗伦萨南靠近锡耶纳（Siena）的切尔萨别墅园（Celsa Villa），17世纪建成，建筑在高平台上，是一横长的高台地，由中心台阶下到广阔的平台花园，在此台地中心有一个凸出半圆形的水池，顺水池两侧走到中心处有台阶下到最低处的台面，其后为大片树林，此园有一明显的纵向中轴线。罗马梵蒂冈宫大台阶院（Belevidere Vatican），是由著名建筑师伯拉孟特于16世纪初改建而成，将新旧两部分结合成3层台地形式，上、中、下长300m，中轴线突出，空间十分壮观。类似这种以轴线为中心的建筑群布局，还有罗马教皇朱利奥三世别墅园（Villa Di Papa Giulio），纵向中轴线长120m，通过券门、半圆形长廊进入马蹄形大的院落，前行可至半圆形下沉式院落，最后是方形的花园院落，3个院落的大小、形状、空间、环境，既有对比，又各不相同，丰富了空间的层次（144页图）。位于罗马南边弗拉斯卡蒂（Frascati）镇的阿尔多布兰迪尼别墅园（Aldobrandini Villa），是一个依山坡而建的纵向中轴线突出的例子，从镇的东南角顺坡而上，便可看到别墅的正门，坡

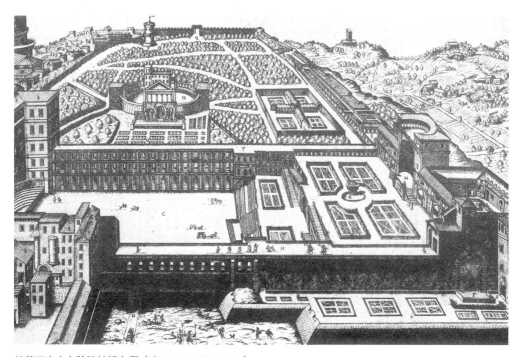

梵蒂冈宫大台阶院轴线布局（Georgina Masson）

上正中是主体建筑，建筑前有一台地，建筑后又有一略高的台地，主体建筑面对壮丽的水剧场，水剧场后为坡形瀑布流水，主体建筑与主要景观的位置都压在这条轴线之上。弗拉斯卡蒂镇的另一个贝尔波吉奥别墅园（Belpoggio Villa），建于16～17世纪初，建筑在高台上，往下有两个台地花园，这3层台地以一条纵向轴线贯连。位于罗马西北方向的朗特别墅园（Lante Villa），是一个台地园的优秀实例，一条纵向轴线贯穿4个台地，底层是一个大的方形花坛台地园，二、三层台地较小，同上层台地连接的中轴线处都安排有精美的雕塑喷泉，三、四层台地间的中轴线上，还布置有坡形流水瀑布，四层台地园最小，收缩成纵向条形，整体层次丰富，景色深远。在意大利北部靠近瓦雷泽（Varese）的博佐洛花园（Il Bozzolo Garden），建于17世纪，5层台地，中轴线突出，由大台阶连接起来。在北部威尼斯地区西边的多娜·达勒玫瑰别墅园（Garden of Villa Donà Dalle Rose），建于公元1669年，中心是一条纵向花坛轴线路，一直通向中心建筑及其山后。在威尼斯南部近佩萨罗（Pesaro）的皇家别墅（Imperial Villa），是一个由中轴线串起的3层台地花园，它与众不同的是，底部为矩形合院式2层楼房围起的花园庭园，最上一层是一个用墙围起的方形花坛花园。在威尼斯地区更远的南边，近安科纳

蒙特加洛别墅园纵向轴线布局（Georgina Masson）

（Ancona）的蒙特加洛别墅园（Montegallo Villa），建于17世纪，亦为纵向轴线贯穿的3层台地园，从低层中心位置进入二层方形花坛台地园，最高处的三层台地园是一个圆形团城，方圆对比，形态变换，增加了空间的层次感。

② 纵向轴线，并有转轴

几层台地，有一轴线贯穿，同时通过封闭的院落或建筑，将此轴线转一角度。如意大利北部的伊索拉·贝拉（Isola Bella）园，主要建筑在北部，顺室内通道轴线，至一室外圆形院落，然后转入前三层后多层的台地花园，花园的中轴线变了一个方向，但给人的感觉是轴线没有变，继续延伸，这是一种遮障转轴法。又如，北部热那亚的帕拉佐·多里亚（Palazzo Doria）花园，建于17世纪初，其底层台地花园的轴线正对主体建筑前的空廊，空廊后面的主体建筑微有角度的转变，这个角度微转的主体建筑正对后面的台地园，形成带有转轴的中轴线。还有在罗马西北面卡普拉罗拉（Caprarola）的法尔内塞别墅园（Farnese Villa），主体建筑为五角形，前面正立面与其平台是一个中轴线，后面建筑呈倒V形，以建筑内部中心为轴心，向后面放射出两条分叉轴线，形成两个低台地花园，这是纵向轴线并有转轴的另一种形式。

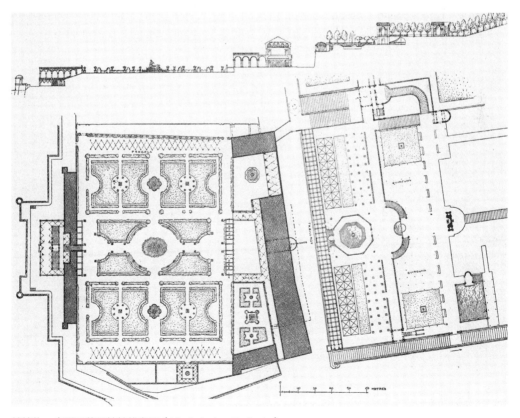

帕拉佐·多里亚花园转轴线布局（Marie Luise Gothein）

进行花园设计，既要轴线，又要考虑地形的变化，可采取此种转轴的做法。

③ 纵向轴线侧有平行轴

在花园主体纵向轴线的一侧或两侧，另有与其平行的副轴，主副轴线构成整体。这种类型的例子，有佛罗伦萨西北面科洛迪（Collodi）的加佐尼别墅园（Gazoni Villa），该园入口在低处，以一条纵向中轴线贯穿几个台地花园，根据地形条件，在高台花园的右侧修建与花园同一方向的主体建筑，形成副轴，从入口设有道路直达副轴上的主体建筑，在高台花园亦有道路连通侧面的主体建筑（134页图）。在罗马的阿尔瓦尼别墅园（Albani Villa），中心为主体台地园，纵向主轴线突出，一端为主体建筑，另一端是半圆形的咖啡屋，两幢建筑直视面对；在此中心台地园右侧是一个低层台地园，有副轴，同主轴平行，在中心台地园中部右边设有台阶与其连接；在中心台地园左侧是另一花园，有同方向的棚架、花木；3组花园，主次分明，形成一体。在罗马南面弗拉斯卡蒂镇的蒙德拉戈内别墅园（Mondragone Villa），建于16世纪下半叶，是一组完整的花园建筑群，中心轴线的院落最大，在此中心部分左边是一个以墙隔开的台地园，具有平行于主轴线的副轴线，在中心部分的右边是一个以冬廊分隔的花园，其副轴亦与主轴线平行，3个院落花园平行，中心突出。在威尼斯城南边靠海的贾尔迪诺·博纳科尔西花园（Giardino Buonaccorsi Garden），建于17世纪，中心主体建筑前是一精致的台地园，在中心部分的左侧为一低层以花坛为主的台地园，此园的轴线与中心纵向主轴线平

贾尔迪诺·博纳科尔西园平行轴线布局（Georgina Masson）

行，在中心部分右面为以林木为主的高一层的台地园，左低右高，形成由花坛、林木衬托突出中心的精美花园。

④ 纵向轴线带次横轴

纵向轴线最为突出，位于统领地位，同时布置一条或多条次要的横向轴线。如佛罗伦萨的博博利花园，此园东高西低，南高北低，主要部分在东面，其南北向纵向轴线贯穿3个台地园，西端有一伊索洛陀平地园，规模小，中间以一条东西向横向轴线将东西两园连接起来，此横轴两侧为丛林，衬托着东部主要台地园和西部小花园（127页图）。在佛罗伦萨附近的甘贝拉亚别墅园（Gamberaia Villa），此园主要建筑位于纵横两条轴线交叉处，南北向纵向轴线较长，从花园平台可俯望西南方大地的自然景色，主体建筑侧面有一东西向的次要横轴线，其东面为较小的台地花坛园（139页图）。罗马的马达马（Madama）园，建于16世纪上半叶，该园有东园和南园，东园是依坡地层层升起的台地园，以纵向轴线为主，在低层台地大的花坛园中，亦有一条次要的横轴线，轴线端部布置一个半圆形喷泉花坛，以树丛为其背景，形成一景。罗马的法尔内塞园，建于16世纪，是一座有5层台地的大型别墅园，最低一层台地园有4条次要的横轴线道路，但其中心纵向道路仍然十分突出，一直通向层层台地最高处的主体建筑，形成全园的纵向主轴线。在罗马东边蒂沃利的埃斯特别墅园（D'EsteVilla），是此种类型的一个典型，其东西向有多条横向轴线，轴线的对景有好的景观，如南边的第一条横轴，东端对景是水剧场，西端是半圆形

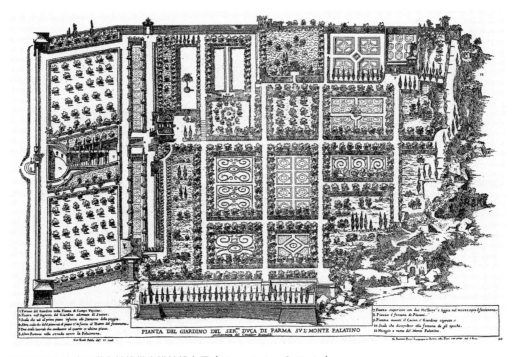

罗马的法尔内塞园纵向轴线带次横轴线布局（Marie Luise Gothein）

的雕像喷泉，沿线为百泉廊，再往北的横轴是个条形水池，东端对景为水风琴，这些横轴线上虽然景色丰富，然而于正中位置的纵向大轴线却更加突出，在高处的顶部是一个大体量的主体建筑，在台地纵横轴交叉处布置有壮观的龙喷泉，再往下低层台地里是高大的柏树围起的圆形地喷泉景观，使这条纵向的中轴线控制着全园。

　　⑤纵向轴线，外侧网络

　　花园规模较大，整体布局似城镇网络；具体特点是，园中有一组以建筑居于贯穿全园纵向轴线上的花园，有的建筑在台地上，也有的没有台地，在这组花园外侧，有几何形路网。这种类型的花园大多建在罗马，如罗马博尔盖塞别墅（Borghese Villa），该园规模大，主体建筑前后各有一广场，其纵向中轴线贯穿全园，于此两侧是大小不等的方格形网络路，在网络路间有树丛、橘园、蔬菜园、鸟舍和僻静的住所等。又如罗马的卢多维西别墅（Ludovisi Villa）园，建于17世纪，其主体建筑居于网络的东南部入口处，坐北朝南，层数不高，为3层，前面有2个下沉式院落，再往前的广场中心立一喷泉雕像，纵向轴线通过这一喷泉雕像直贯到底，主体建筑前面的东西两侧有次要建筑，横向轴线将它们和广场中心喷泉雕像联系在一起；在此纵向中轴线的两侧是几何形路网，于其左外侧的十字路交叉处，还建有中心为尖顶的较大建筑。

　　罗马的蒙塔尔托别墅园（Montalto Villa），建于17世纪，主体建筑位于全园的中心，其前后各有广场和道路直对它，特别是建筑前3条道路形成高大的柏树墙，甚是壮观，更加突出这条贯穿全园的纵向轴线，于其两旁布置着几何形路网，有花

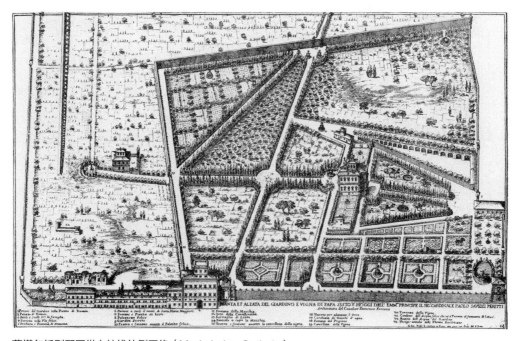

蒙塔尔托别墅园纵向轴线外侧网络（Marie Luise Gothein）

坛、林木、果树和田园风光等。

上述五种类型轴线突出的布局，构成台地园的骨架，确定其总体格局，也就是园子的大格局、大轮廓，其利用坡地，因地制宜，突出重点，运用轴线和对景线等原则，对今天的设计师仍有参考价值。

2. 花坛绿篱，草木丛林

主景多为鲜艳的花坛和绿篱，也有的配以各种盆栽与规整的花木，并注意色彩与清香的气味，还有大片的丛林来衬托。虽然有些花木被修建成规则式，但其总体仍不失自然之美。过去多强调花园的美观，使人赏心悦目，从今日来看，更多了一层意义，因为它创造出宜人的生态环境。下面按其位置与效果分类加以说明。

① 花坛绿篱

其在空间的感受是比较平坦低矮，开敞宽阔，又都布置在主体建筑周围。如佛罗伦萨郊区的彼得拉亚别墅园（Petraia Villa），建于16世纪，在建筑台地的左侧和建筑前的低一层台地上都布置着花坛，花坛为十字四分块形式，中心设一喷泉，空间显得开阔。佛罗伦萨西北部的卡斯泰洛别墅园（Castello Villa），入口在低处，建筑前有3层台地，最下面一层的台地面积最大，布置着大十字分四块，每块小十字形又分四块的花坛，场地宽大，空间十分开敞，同二、三层台地园形成了对比。在佛罗伦萨西北面的托里贾尼别墅园（Torrigiani Villa），建于17世纪下半叶，此园花坛部分非常壮丽，有方形、菱形、内曲外直形等，成组排列，其后中景是有气势的带柱栏杆的石台阶，台阶后为大片森林，更加衬托出开阔空间的花坛景观。还是在佛罗伦萨西北面的加佐尼别墅园（Garzoni Villa），位于多层台地园中心位置的一块平台上是一组大花坛园，两侧有绿篱、花木相衬，其前面是一个有花木和两个喷泉池的一层台地园，其后面是有3层台阶可登上的丛林台地园，从低层台地到这组大花园，或从高层台地向下观赏，都能看到这块色彩艳丽、层次丰富的大花坛，它是观览者的视线焦点。在维尼亚内洛（Vignanello）的鲁斯波里（Ruspoli）别墅园，建于16世纪末和17世纪初，是在山坡上建起的修饰规则的花坛群，花样美丽整齐，中心设一下沉式喷泉，周围丛林陪衬，使花坛喷泉更加突出，十分壮观。罗马的马达马别墅园（Madama），其东园底层台地是以分块花坛为主，同中层横长形台地的林木和上层丛林台地组成有对比、变化的整体。罗马帕姆菲利（Pamfili）别墅园，其中心高大的4层建筑屹立在高台上，台面左右两边各布置4块花坛，在此台面下安排着对称的花坛，衬托出建筑的壮丽，美化台面下水剧场前广场的空间环境，这个广场用于娱乐、宴请等活动。罗马阿尔瓦尼别墅（Albani Villa）园，在主体建筑与咖啡屋之间的台地，布置了4块长条形精致的花坛和中心喷泉，形成中心景观，在两幢建筑中或前面可欣赏到多层次的对景。位于罗马南部弗拉斯卡蒂镇（Frascati）的兰切洛

托里贾尼别墅园花坛绿篱

蒂别墅园（Lancelotti Villa），建于17世纪，在主体建筑的两侧为高大的树墙，使建筑前面的大片花坛变得更加突出和宽阔。在弗拉斯卡蒂镇的蒙德拉戈内别墅园（Mondragone Villa），主体建筑左边的台地园，低层的4块由绿篱围起的花坛与喷泉，同高台上半圆形剧场连成一体，创造出另一种花木环境，与中心的大空间形成有变化的对比。

位于罗马西北面著名的朗特别墅园（Lante Villa），在一层台地上为方形花坛群，中心为水池、桥、喷泉雕像，外围由正方形、长方形花坛环绕，整体方阵十分规整壮观；在一、二层台地之间，配以坡形大花坛，景色自然、和谐。位于北部的伊索拉·贝拉别墅园（Isola Bella Villa），此园在湖中岛上，由北端主体建筑南行至多层台地花园，在较宽的二层台地上布置花坛，面对高台地面的水剧场；于最南面低层台地上围绕圆形水池安排4个花坛；在中心台地园东侧亦有长条形花坛，使全园花木空间有疏有密，无论从花园岛上观赏景色，或是在湖中眺望岛上园景，都能看到疏密有序的景观。位于热那亚的帕拉佐·多里亚别墅园（Palazzo Doria），其底层平台是景观的重点，中心立有一个海神雕像的喷泉池，以4个花坛环绕其周围，在这组精美的花坛雕像喷泉的两侧，再布置2组花坛，构成中心突出的花坛喷泉群（89页下图）。在北部的奇科尼亚别墅园（Cicogna Villa），该园修建于16世纪，花坛小巧玲珑，同绿篱、水池、盆花相搭配，存在至今已有500多年。位于威尼斯地区南部的米拉尔菲奥雷别墅园（Miralfiore Villa），1559年重建，园内布置有多个花坛群，每个花坛以双层矮绿篱镶边，浅草铺地，中心突出一个圆形的深色花坛。还有在威尼斯地区南部的莫斯卡别墅园（Mosca Villa），建于1640年，该园的特点是，四周以盆栽花木为主，中心是一个圆形层层升高的花坛，它是佩萨罗（Pesaro）农

鲁斯波利花园花坛绿篱（Rolf Toman）

艺学会选出的现在保存最优秀的实例。

　　② 成组树木

　　有些花园布局，在主体建筑前后或纵向轴线的道路两旁，栽植较高的树木和盆栽花木；但大多数的树木、盆栽是配合园中的主要景观，是其组成部分。如佛罗伦萨博博利花园（Boboli Garden），在东部主要台地园皮蒂宫前露天剧场的东西两面布置着高大的林木，烘托出剧场的自然氛围；在连接东园与西园的东西坡地大道两旁，种植高大的柏树，形成林木茂盛的空间环境。在佛罗伦萨南部的帕拉佐·多里亚花园（Palazzo Garden），建于16世纪，此园为十字形分四块绿地的常规布局，中心处设一喷泉，沿绿地边为较高的绿篱，且在转角处栽植树木，空间环境有起伏变化。佛罗伦萨东面的坎皮别墅园（Campi Villa），建于16世纪，该园的主体建筑是在2层高平台的两侧，此两幢建筑之间为主要花园，多有盆栽，在主体建筑外侧和后面坡地上，广植树木，青葱茂密，突出了2层中心花园盆栽地带的开敞空间。在罗马的博尔盖塞别墅园，在主体建筑的前后，除留有不大的广场空间外，都是树丛，树种有柏、杉、桃金娘和月桂属等，富有林木之趣。罗马的蒙塔尔托别墅园（Montalto Villa），与众不同，在主体建筑前面是3条放射路，路旁种植着高大挺拔的柏树，很有气势，建筑后身中轴线的道路两侧亦是柏树林。罗马的马泰别墅园（Mattei Villa），建于17世纪，主体建筑跨高坎边，正立面在高台之上，面对一个中心为方尖碑的广场，广场由半圆弧形的柏树林所环绕，突出了该园核心地段的景观。

　　罗马南部弗拉斯卡蒂镇的阿尔多布兰迪尼别墅（Aldobrandini Villa）园，主体建筑布置在坡地的中间地带，从入口至建筑之间，布置成排的树木，在水剧场之后，瀑布两侧密植林木，形成壮美的主题景观。同在罗马南部弗拉斯卡蒂镇的托洛尼亚别墅园（Torlonia Villa），公元1621年建成，在人工小瀑布及其壁龛后两旁和坡地旁，栽植成排的树木或花木，组成主要景观。还是在罗马南部弗拉斯卡蒂镇的法尔科涅里别墅园（Falconieri Villa），建于公元1640年，该园在通往主体建筑中轴线道路的两旁和后面水库边上，密植高大的柏树丛，景色非常壮丽。在罗马东面的埃斯特别墅园（Villa d`Este），在纵向主轴，布置有成圆弧状的或对排的冲天柏树丛，同时在百泉廊、水剧场、水风琴、中心龙喷泉，都有林木或花木相配合，构成园景丰富多彩的特点。在威尼斯西的布伦佐内别墅园（Brenzone Villa），建于16世纪，有多个皇帝雕像的壁龛，壁龛由林木丛作背景衬托，相互辉映。威尼斯西部的里扎尔迪别墅园（Rizzardi Villa），建于18世纪，有一个绿色剧场，是由修剪成长立方体形状的树丛所组成，该园的3个台地，以高大的柏树将其连接在一起。威尼斯西部的卡扎诺别墅园（Cazzano Villa），建于17世纪，中心地段是由围绕一个圆形水池人工栽植修剪成椭圆球形的树群所组成，并有几条路面对着笔直的柏树，成为路的对景。在威尼斯西面的多娜·达勒玫瑰园（Dona dalle Rose Garden），其中心景观是在长条形花坛路的两旁密植林木群，在中轴线高台建筑后整齐地种植2行松树，这些树木起着衬托作用，使总的花园气势比较雄伟。

蒙塔尔托别墅园成组树木（Marie Luise Gothein）

里扎尔迪别墅园绿色剧场（Georgina Masson）

③ 柠檬园等

柠檬树为常绿小乔木，果实两端尖，淡黄色，椭圆形，味清香，可制成很好的饮料，它有色有香，极清雅，故在意大利各地修建了一些柠檬园。橘树亦有此特点，因而在花园中有的也建造橘园。在罗马地区一些大型别墅中还布置有其他果树园和蔬菜园。如佛罗伦萨附近的帕尔米耶里园（Palmieri Garden），始建于1454年，1697年其后代在此园中建成一个著名的柠檬园，此园外形与柠檬果实相似，呈椭圆形，以盆栽为主，维多利亚（Victoria）皇后作为宾客曾两次到过此园，19世纪后此园格局受英国自然风景式园林的影响。佛罗伦萨博博利花园（Boboli Garden）中西部小园林伊索洛陀，亦称柠檬园，在中心环形水池围绕的岛上及其周围，布满盆栽的柠檬树，并参差点缀盆栽的橘树，色香俱全，这是此园的一个重要特点。在佛罗伦萨附近的卡波尼别墅园（Capponi Villa）是一个台地柠檬园，建于16世纪下半叶，是在建筑前的绿篱花坛中布置盆栽的柠檬树，在这里可透过柏树望到佛罗伦萨城。北部靠近瓦雷泽的博佐洛花园（IL Bozzolo Garden），在此园壮观的五层台地的中心大台阶两侧栏杆上摆放着大盆栽植的柠檬树，为这里的园景增添了色香和生活情趣。罗

帕尔米耶里园柠檬园（Georgina Masson）

马的博尔盖塞别墅园（Borghese Villa）中，在主体建筑右侧的格网里，布置有种植橘树的果园、蔬菜园，创造出田园风光，并可获得丰硕的果实与新鲜的蔬菜。同此情况类似的还有罗马帕姆菲利别墅园（Pamfili Villa）、蒙塔尔托别墅园（Montalto Villa）和马泰别墅园（Mattei Villa）。这种在城市花园绿地中，种植果树、蔬菜的做法，对于我们今后发展城市园林绿地有一定的参考价值。当然对于这个问题，专业人员有不同的看法，笔者认为，值得进一步探讨，在城市公园、社区居住区，以及一些分隔绿地里都可适当发展些果园、蔬菜园，不仅能增加供应，还是城市田园化的一种做法。

④ 自然景观

意大利台地园中，修剪整齐的花坛、绿篱、树墙、树形较多，但也有不少自然花木与之相搭配，形成对比，在18世纪后受英国影响很快发展成自然风景式园林。如佛罗伦萨西北面的马利亚别墅园（Marlia Villa），建于17世纪，有一个中心景点，亭子中央立一小圆形立柱喷泉，从亭里石座上可望到亭外四周的自然式风景。在罗马卢多维西别墅园（Ludovisi Villa）中，还特意保留着老花园里的古树，树姿自然古朴，枝叶茂密。在罗马南部弗拉斯卡蒂镇的托洛尼亚别墅园（Torlonia Villa），其台地上大水池后边，以茂盛的自然林木丛相搭配，构成主要景观。于罗马南部弗拉斯卡蒂镇的阿尔多布兰迪尼别墅园（Aldobrandini Villa），在中轴线两侧和后山的喷泉周围，都种植着自然的花木，形成自然风景式景观。卡普拉罗拉（Caprarola）的法尔内塞别墅园（Farnese Villa），在其主花园与后花园之间，林密径幽，春天玫瑰、老山茶树开花，鸟鸣，草地路，阳光，还有雕塑、老石头墙，古朴自然，这一自然景观将前后两园联系起来。著名的朗特别墅园（Lante Villa），在其二层台地上和三层台地的周边，以及四层台地的后边都种植自然的花木群，它同一层平台、三层台地上规则的花坛、绿篱等形成对比，并融合在一起。特别是建在威尼斯西北的皮萨尼别墅园（Pisani Villa），由于建园较晚，约1735年始建，在主体建筑侧面造有自然风景式花园，与主体规则式景观形成对比。

马利亚别墅园中局部自然景观（Georgina Masson）

⑤ 丛林环境

这种丛林自然环境，今天看来，它起着改善生态环境的作用。如佛罗伦萨郊区的卡斯泰洛别墅园（Castello Villa），在这个别墅台地园的东面，为大面积的丛林环境，道路自由，林木茂密，完全是一个自然风景式园林景观，意大利称其为"Park"，这是"Park"这个词的来源。它的作用是，一方面衬托台地面，另一方面创造大自然的生态环境。于佛罗伦萨西北面的托里贾尼别墅园（Torrigiani Villa），在花坛台地园后面更上一层的台地上，广植郁郁葱葱的林木，丛林同远处的山形融为一体，景色深远，环境清幽。佛罗伦萨西北的加佐尼别墅园（Garzoni Villa）（167页图）和佛罗伦萨南面的切尔萨别墅园（Celsa Villa）同托里贾尼别墅园类似，都是在纵向轴线的高与低台面后创造了丛林的环境，取得了同样的效果。罗马南部弗拉斯卡蒂镇的蒙德拉戈内别墅园（Mondragone），是一个完整的建筑与台地园结合为一体的建筑群，在此建筑群后面的高台与前面低坡的台面上，皆以丛林相连，更显现出大自然之美。有名的朗特别墅园，在其园中又有一个标准的Park自然丛林园，这个Park位于台地园左侧的大片坡地上，林木葱郁，环境幽静，空气清新，令人悠然舒适。意大利北部的帕拉佐·多里亚别墅园（Palazzo Doria），在低层花坛台地上突出了雕像喷泉，二层平台上为主体建筑，于后面三、四层台地上密植树木，创造出丛林氛围的景观（79页下图）。北部的索米·皮切纳尔迪（Sommi Picenardi）园，建于18世纪，在其高台地上种植连成排的挺立的柏树丛，烘托出高台栏杆雕像的轮廓，并同下面的浅色台阶与洞穴雕像，形成鲜明的对比，增加了空间的层次感。

切尔萨别墅园高台面后丛林环境（Georgina Masson）

在意大利台地园中，大都有Park，面积有大有小，这是意大利文艺复兴时期造园的一个特点，它对于今后的园林建设也有一定的参考价值。

3. 水景丰富，喷泉瀑布

意大利水资源丰富，创造水景的技术比较发达，花园水景成为各处台地园景的视线焦点、重点景观。

① 环形水池

传承哈德良宫苑中海剧场环形水池的作法，意大利又有新的发展，加上精美的雕塑。如佛罗伦萨博博利别墅里的西园，该园中心是椭圆形的环形水池，设两个桥连接中央岛，中央岛上立一醒目的喷泉雕像，并布满盆栽柠檬树，在环形水池周围栏杆上，亦摆放着大花盆的柠檬树和橘树以及雕像，点出了这个清香沁鼻柠檬园的特点。又如朗特别墅园，在低层平台花坛园的中心，布置安排一个外方内圆的环形水池，其四边正中设4个桥通向中间的圆形岛，于岛的中心还立一圆形水池带雕像喷泉，其基座为层层小台，并有4个小台阶可走至中心圆形水池边，圆池正中雕像为4个人托起代表园主家族的标志物，水从标志物顶上喷出，同时从4人腿旁狮子口中流下，甚为精巧动人。

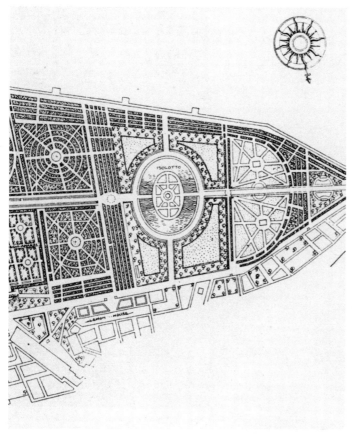

博博利花园西园环形水池平面
（Hélio Paul et Vigier）

博博利花园西圆环形水池一角

朗特别墅园底层台地环形水池俯视（Sandro Vannini）

②雕像（雕饰）喷泉

雕像（雕饰）喷泉都是台地园的重点景观，位于纵向轴线或纵横轴交叉的视线焦点处，皆为点睛之笔。如博博利花园的东园底部皮蒂宫二层平台上，布置一精美雕像喷泉，底池为八角形，池台转角处立有8个活泼的小孩雕像，底池中心由雕像组成的立柱撑起2个圆形水盘，水从中心顶部喷出，通过圆盘如水帘落入底池里；在底池南北两侧还设有上面3个小水盘的水盆，流水跌落到水盆中；从这个群雕像喷泉处可俯览一层台地的露天剧场和全部台地园的层层景观。佛罗伦萨近郊的彼得拉亚别墅园（Petraia Villa），在这里布置有从卡斯泰洛别墅园移来的山林水泽仙女神雕像喷泉，此喷泉底座是八角形石台面水池，中间圆形盘水盆池较大，其下立柱较粗，有群雕，其上立柱长且细，亦有雕塑，它托着一个小圆盘，盘上顶部立柱上耸立山林水泽仙女神雕像，水从仙女头发下落，深色的仙女神雕像，同下面全部为浅色的水池盘面、立柱雕塑对比，显得格外突出。在卡斯泰洛别墅园一层台地花坛的中心位置立一大力神（Hercules）与安泰俄斯神（Antaeus）角斗雕像喷泉，它是此层台地园的核心景观，其底座亦为八角形大理石台面水池，其上有两个圆形水盆，两个圆盘池之间和底池上立柱围有小孩等雕塑，高盘边雕有小鹅，水从鹅口中喷出，顺流而下。

罗马博尔盖塞别墅园，在主体建筑后面横长方形广场的中心位置立一喷泉雕像，底盘水池较大，瓶状立柱顶着一个圆盘薄池，其上站着一个水仙神雕像，水从圆盘流下形成水幕，此喷泉成为建筑和纵轴线后一段的对景；在此园入口处和其他道路对景处都建有喷泉雕像，其中一河马喷泉雕塑较大，中心为3层圆盘池，底部圆池中围以4个河马，由河马处喷出弧线形水柱，同3个圆盘的喷泉垂直水流，组成水的旋律。罗马的卢多维西别墅园（Ludovisi Villa），在其主体建筑中心为纵向轴线与其前左面建筑中心为横向轴线的交叉点上，建一底部为圆形水池的雕像喷泉，池台上立有6个雕像，池中是大的人像雕塑，水从其上部弧状喷出，此喷泉雕像成为东、西、南、北4个方向的视线焦点。罗马的阿尔瓦尼别墅园（Albani Villa），是一纵向主轴线突出的台地园，其左右各有一平行纵轴的台地园，在纵向主轴线与串起3个台地园的横向轴线交叉点处，布置了一个大的雕饰喷泉，其底盘池为圆形，池中由空透群雕立柱托起一个圆盘池，在上下两圆盘池里涌出喷泉，这个大喷泉雕塑是此园东西南北四个方向的对景，成为最重要的景观。罗马南面阿尔多布兰迪尼别墅园，水景较多，其中一船形喷泉雕像在他处未曾采用过，水柱从船中心高高喷向天空，在船的两角各有一可爱的小孩向上吹出弧形的水流，同样构成有变化的动态的水形。在阿尔多布兰迪尼别墅附近的托洛尼亚别墅园（Torlonia Villa）里，有一高大的喷泉雕饰，底盘池外形为4个圆拼成的近方形，池台高显得很稳且有力，底池中心立有4个圆形盘池，由顶部盘池中心喷出冲天水柱，并顺四盘边形成水帘流下，这4个盘边较高，围圆盘有华丽的雕饰，其造型与水势甚为壮观生动。在罗马南边的蒙德拉戈内别墅园（Mondragone Villa），其最大最显著的喷泉雕像是在主体建筑平台的中心，其底座水池为4个半圆带4个方角

博博利花园东园皮蒂宫二层平台上雕像喷泉（Hélio Paul et Vigier）

的对称形状，池中由雕饰的立柱撑起3个圆盘池，水从顶盘中喷出顺3个盘边跌落。

罗马西北面的朗特别墅园，此园的喷泉雕像最为精彩，全园喷泉雕像多种多样，连接有序，构成整体：一层台地环形池喷泉雕像已在前面章节中介绍；二、三层台地连接的中心处，设一圆形大喷泉；三、四层台地连接的中心地带布置一个半圆形底池，上有两层半圆形盘面使水垂直流进池中，在底池两侧横卧两个河神雕像，颇有雄伟气势；在最高台地中心处，安放一个有3层台面，底座为八角形的海豚像喷泉，海豚像群是环绕台面四周布置的；此园的水景雕像喷泉堪称意大利台地园的优秀作品。罗马东面的埃斯特别墅园（Villa D`Este），其水景亦丰富多样，有百泉廊道，在园中横向排列着近百个喷泉，再往下行2层，是横向河池，于河右端、水风琴景点之下，喷射出多条极高的水柱，景色壮美；在纵向轴线最下层中心处，布置一个圆形池喷泉景观，四周由高大的柏树围拢，圆形地面的四周喷射出多条高直的水柱；在全园最为核心的位置，即中心纵、横轴线的交叉点处，布置了1个龙喷泉，底面突出3个龙头，两边龙头口中吐出拱形的水柱，中间龙头口中喷射出高高的垂直水柱，成为全园水景的重心。

在意大利北部的帕拉佐·多里亚园（Palazzo Doria Garden），其低层台地花坛园中央，建起了一个海神雕像喷泉，其底池四周台面较高，由多个较粗立柱连接弧形栏板组成，池中心部分筑起同底池周边类似的围栏，但此围栏台小且高，在池中围栏台上立有多头河马，河马中央站立着一个健壮的手持三叉戟的海神雕像，底池立柱上为雄鹰雕塑，池中围栏台边立着小孩雕像，中心高大的海神凝视远方，水从上流入池中，整体造型雄壮有力。

彼得拉亚别墅园山林水泽仙女神雕像喷泉（Hélio Paul et Vigier）

卡斯泰洛别墅园大力神与安泰俄斯神角斗雕像喷泉（Hélio Paul et Vigier）

③ 大小水池

水池有方有圆，也有长池如河状，水景与建筑结合，相互辉映，其中不少水池、长河还起着蓄水的作用。如佛罗伦萨西北面塞斯托（Sesto）的科尔西·萨尔维亚蒂别墅园（Corsi Salviati Villa），这是一个平坦场地的实例，建筑简洁，檐部有装饰，建筑前布置一长方形大水池，池中种满睡莲，池边栏杆立柱上放有盆花，近建筑前立有立柱雕像，建筑倒映池中，池起着衬托作用，并创造出一个水景；此园创建于1502年，在1644年扩大发展，后一直保存至今。佛罗伦萨近郊的卡斯泰洛别墅园，在三层最高台地中心，布置一个圆形大水池，这是全园用水的蓄水池，水是从外边引入这个高地的，池中立一表情丰富的老人雕像，创造出一个水景观。佛罗伦萨西北郊的普拉托利诺别墅园（Pratolino Villa），该园主景是一巨大的似人的怪物雕塑，在其前面下部坡地上修建一个半圆形水池，环抱着这个怪物雕塑，水从怪物口中流出，有如瀑布水洒落池中，水池起着烘托作用，共同组成了这个主要景观。佛罗伦萨西北面的马利亚别墅园（Marlia Villa），建于17世纪，该园的中心景观是一个大的水池，在水池边中心位置两侧的围栏上对称布置着一对卧神，卧神后面建有圆拱门式建筑，建筑后为深色的丛林背景，雕

科尔西·萨尔维亚蒂别墅园大水池（Georgina Masson）

像、建筑、丛林倒影在清澈的水池中优雅宁静，构成了富有空间层次的大水池景观。在佛罗伦萨西北面贝尔纳迪尼别墅园（Bernardini Villa），建于16世纪末，其中心轴线上布置一半圆与方形组合带有睡莲的小水池，绕过此小水池可下行至最低台地，这个低台地是一个外形与小水池相似的大水池，大水池后为丛林背景，同样形成了外形有变化、空间层次丰富的大水池景观，它是此园的主要景色。罗马教皇庇护四世别墅（Pia Vatican Villa），建于1560年，在进入主要建筑群庭园前，于坡下布置了一个后有雕像的横长半圆式水池，它起着前导空间景色的作用。在罗马南部的法尔科涅里别墅园（Falconieri Villa）中，主体建筑后边安排有水池水库，旁边种植高大挺拔的柏树林，景观格外壮丽幽美，水池水库主要是此园用水的来源，它亦形成该园的一个特色景观。

　　威尼斯西北面斯特拉（Stra）的皮萨尼别墅园，在其希腊式主体建筑前，有一垂直方向的长河水池，建筑倒影河池中，相映成趣，构成一景。威尼斯西北面马塞（Maser）的巴尔巴罗别墅园（Barbaro Villa），建于16世纪，花园中有一弧形带有多个壁龛雕像的影壁墙，在其前随弧形布置一个圆形水池，雕像影壁映入水池中，相互增辉，是此园中的一个重要景观。

马利亚别墅园大水池景观（当地提供）

④ 水景剧场

花园中露天剧场带有水景，就称其为水景剧场，其形式也各有不同。连续券拱门式壁龛墙面，是使用较多的一种样式，如阿尔多布兰迪尼别墅园，其水景剧场是在中轴线上主体建筑后面的对景位置，是此园的主要景观，主立面为5个连续券拱门壁龛，呈半圆形，这五开间的立面极为舒展，于每间券拱门壁龛内布置有雕塑和喷泉，正中一间内还有垂直跌水，急流而下，水景特殊，饶有新趣，在这中间半圆形五开间两侧还接有券拱门屋，作演出后台使用。采用此种形式的还有蒙德拉戈内别墅园中的水剧场，该剧场在侧面花坛台地园的尽头更高一层的台地上，为七开间的半圆形连续券拱门壁龛，每个壁龛内安排有雕塑喷泉，其前还随形布置一个半圆形水池，规模虽比阿尔多布兰迪尼别墅中的水剧场小，但小巧精致，具有自己的特点。罗马东面的埃斯特别墅园的水剧场，是在百泉廊横轴线的右端，该水剧场的不同之处有三：一是半圆形连续多间券拱门壁龛墙上布满攀缘植物，二是建筑前面有一个大的半圆形水池，三是水池正中墙面有一较大瀑布，水泻下有声隆隆，颇为壮观。罗马的帕姆菲利别墅园的剧场，是另外一种形式，它位于主体建筑前面低层台地后边横向轴线的右端，以此剧场作为横轴结束的对景，其场面较大，2层台地，上层为后退的半圆形状，设有喷泉，下层地面为大水池，水从台上流入池中，两层弧形墙面悬挂着绿叶植物，其环境效果与其他剧场截然不同，显得生动，富有动感，同时水景多，环境晶莹透亮。

蒙德拉戈内别墅园侧面台地园水景剧场（Georgina Masson）

帕姆菲利别墅园水剧场一角（Mavie Luise Gothein）

⑤斜直瀑布

瀑布形式多样，因地形变化而变化，精巧清透，声形并茂。如阿尔多布兰迪尼别墅园，在其中轴线水剧场后面的后山坡上，布置有壮丽的斜陡台阶式瀑布，在此后山坡处还建有自然乡土式瀑布。在弗拉斯卡蒂镇的托洛尼亚别墅园（Torlonia Villa）中，有两处人造瀑布景观：一是阶梯瀑布水流入壁龛墙形成瀑布，此瀑布再流入下设的横长水池中；二是在大水池高池壁中心处人造瀑布流入池中，人们可下到水池底部观此瀑景。在著名的朗特别墅园中，于三、四层台地园中轴线斜坡面上，设一连锁式瀑水，将上面半圆形水池水景和下边圆形盘水景的水和景观连接起来，形式新颖，富有创意。采用这一连锁式斜坡瀑布样式的还有卡普拉罗拉（Caprarola）的法尔内塞别墅园（Farnesi Villa）中的后花园，它是将一层水池台地和二层主体建筑花坛园联系在一起。还有北部的奇科尼亚别墅园（Cicogna Villa），在中轴线上陡形的高台阶正中，设置阶梯形的流水槽，连接着上下两个水池，构成这一特殊的中心水景景观。

法尔内塞别墅园后花园斜坡瀑布水

4. 雕塑精美，景色生辉

人物或动物雕像，塑造细致动人，它们被摆放的位置，都能起到增加景观情趣的作用，有的放在喷泉托盘顶部，或池里或池边，有的摆在建筑壁龛之中，或单独设置，也有的立在台阶旁栏杆之上，这些精美的雕像大都成为台地园的视线焦点，丰富了景观。下面按其摆放的位置分别举例说明。

① 喷泉托盘顶部雕像

佛罗伦萨近郊的卡斯泰洛别墅园，在其一层台地园的中心雕像喷泉的顶部，立着大力神（Hercules）同安泰俄斯神（Antaeus）角力的雕像，两神体型匀称，肌肉健美，显示出力的较量，极具动感之美，此雕像为深色，同下面浅色的石盘、石立柱雕像、底池台面形成颜色的对比，使此精美的雕像十分突出（105页图）。在彼得拉亚别墅园（Petriai Villa）中的山林水泽仙女神雕像，站立雕像喷泉池托盘立柱的顶部，其全身优美的曲线，健美流畅，体态轻盈，自然美的仙女神形体和自然景色结合在一起，创造出自然美的氛围，升华到自然艺术美的境界（104页图）。

罗马的博尔盖塞别墅园（Borghese Villa），在其主体建筑后面广场中心布置一个雕像喷泉，此喷泉立柱顶部放一水仙神雕像，这是园主喜爱与敬慕的花神。在罗马马泰别墅园（Mattei Villa）中，建有由两个圆形盘池托起的喷泉，在其中心顶部立一展翅的雄鹰，这也是园主的思想和爱好。罗马西北面的朗特别墅园，在一层花坛园中心环形水池内岛高一层圆形水池里的八角形立柱上，安放一组代表后来园主蒙塔尔托（Montalto）家族标志的雕像，这组雕像是由四个健美的摩尔人组成，两

马泰别墅园雄鹰雕像喷泉（Marie Luise Gothein）

个伸起左臂，两个伸起右臂有力地托起标志物，标志物的顶端是多角星，水从星中喷出，并以伞状从四个人的四周落下，在摩尔人的腿旁立有两对狮子雕像，水从狮子的口中涌出，此水景同群雕组合成有节奏动感和韵律美感的景观。

②池里池边雕像

佛罗伦萨博博利花园中的西园，是一个池里池边安置雕像的典型实例，在其环形水池中心平地的喷泉圆盘之上，直立着一个坐南朝北肌肉健美的高大海神雕像，它的形象似中年美男子，在环池中放有微坐式的仙女雕像，池边立有多个仙童嬉戏的雕像，中心的海神雕像最高，构成一组中心突出的水景雕像群。在此园中的东园二层台地园的中心，布置横长似呈八角形的大水池，于池中心立一似悬崖的山坡，有两个人跪坐着托起崖边，崖前水中还有一圆盘，在坡上立一身体健壮的海神涅普顿（Neptune），它手持三叉戟，正有力地向下叉去，持三叉戟的神，在希腊神话中称之为海神，这一水景雕像成为此台地园的主要景观。佛罗伦萨近郊的卡斯泰洛别墅园，在其三层丛林台地中心，有一大水池，池中立一象征意大利亚平宁山的老人雕像，老人两臂相抱，从胡须滴下水滴，面部表情丰富，为此水景增添了艺术性。在罗马南部的兰切洛蒂别墅园中，有一水池景观，池中心立柱上为人与蛇斗的雕像，蛇缠住了人的大腿，并伸直头部似进攻之状，此人挺立，手持尖刀，与蛇搏斗，惊险生动。在佛罗伦萨西北部的普拉托利诺别墅园（Pratolino Villa）中，于半圆形水池中心的后边，依坡立一怪物雕像，此怪物高大粗壮，一手撑着地，从口中喷出喷泉，有如瀑布泻入池中，这是雕像位于池边的一个实例。在罗马南边的托洛尼亚别墅园（Torlonia Villa）中，有一圆形大水池，于池边一圈栏杆隔间立柱上放有人体雕像，雕像间的立柱上加一矮的圆盘喷泉，一高一低，排列有序，好似雕饰展览，这是池边雕像的另一种作法。

著名的朗特别墅园中，在三、四层台地连接处的半圆形水池边两侧，布置两个巨大的卧式河神雕像，河神脸部虽是人形但有神韵，在一对河神中间上方，立一很大的蟹爪，它是最初园主红衣主教（Cardinal）甘巴拉（Gambara）家族的标志，此水景非常壮观。在此园的入口处有一陡坎，于台阶的右侧建一弧形水池，水池中立有河马雕像，池后边利用高的坎墙平行放有多个半身人的雕像，此池中池边雕像水景形成了进入该园的前导空间景观。在威尼斯西北面斯特拉的皮萨尼别墅园（Pisani Villa），于建筑前有倒"⊥"字形长河池，在河池边栏杆的立柱上，间隔地布置雕像，从远处望去，建筑与雕像倒映于河池的清澈流水中，景色格外清新优雅。

兰切洛蒂别墅园中人与蛇雕像（Hélio Paul et Vigier）

③ 建筑壁龛雕像

建筑为圆拱券门式，或方门式，壁龛尺寸、比例、尺度和所在的位置各有不同，其组合有的连续成排，有的呈半圆形，还有单独的样式。如佛罗伦萨西北面的加佐

切尔萨别墅园壁龛雕像画（Georgina Masson）

马达马别墅园壁龛大象雕塑（Marie Luise Gothein）

尼别墅园（Garzoni Villa），在二层台地园中心后部，向三层台地园过渡的高大台阶墙壁的中间和两侧，凿出成排圆拱券门式的壁龛，在其内放有神话故事中的人物雕像和动物雕塑，壁龛中深色阴影衬托着雕像的外形，增加了情趣（135页图）。佛罗伦萨南面的切尔萨别墅园（Celsa Villa），在向高一层台地过渡的围栏板中有卧式的成排壁龛，在壁龛中安放着对称的卧式人物雕像；这种形状的壁龛仅在此园中看到。罗马教皇朱利奥三世别墅（Villa Di Papa Giulio），院落建筑的部分开间为方形、券拱门式壁龛，同时在下沉半圆池庭园墙壁的方形壁龛中，都安放着立、卧、动等多种姿态的人物雕像，这些人物与宗教、神话有关，生动有趣（147、148页图）。

　　罗马的马达马别墅园（Madama Villa），该园有一特殊的券拱门式壁龛雕像，在壁龛内布置了一个稀有的大象动物雕塑，因为意大利不是有象的地区，可能是园主喜欢大象的象征意义。罗马南边的阿尔多布兰迪尼别墅园（Aldobrandini Villa）的水剧场，其五开间半圆形连续壁龛内，两边壁龛内是石岩洞内布置一个人身雕像相配合，第二、四壁龛内为多个小壁龛人像所组合，中间壁龛内是一个高起的人像托着一个大球，比较突出。罗马南部蒙德拉戈内别墅园（Mondragone Villa）内的水剧场，其七开间连续半圆形壁龛内，都放着一个立台上的人身雕像，这些人像都同戏剧故事有关，富有意趣（108页图）。罗马东面埃斯特别墅园（Villa D`Este），在长河横轴尽端为水风琴建筑，建筑中间是一个大券拱门形壁龛，龛内套着一个有券拱门的亭式小建筑，顶上立着一个小天使，在此大壁龛两侧为两个小壁龛，小壁龛中各放着一个手持乐器的音乐人雕像，点出了主题。

　　在威尼斯西的布伦佐内别墅园（Brenzone Villa）内，设单独的壁龛，平行排列，每个壁龛内安放一个不同的皇帝半身雕像，其后有深色的丛林相衬托，使每个壁龛都十分醒目。

布伦佐内别墅园壁龛雕像
（Georgina Masson）

④立式单放雕像

在佛罗伦萨博博利花园（Bobole Garden）里，其长长的联系东、西两园的横向轴线园路上，于路口的四角安放有单个立式带座的人物雕像，每个雕像都有其本身意义和故事，雕像的立柱底座较高，从较远处就能看到它，成为园路的对景，到近处需仰望欣赏，这些单个雕像起到避免较长园路单调的作用。罗马教皇朱利奥三世别墅（Villa Di Papa Giulio）内，其一些柱廊的单个柱由单个人像雕塑代替，在后花园中轴线上放有单个人身雕像，作为此花园的重点景观。

在卡普拉罗拉（Caprarola）的法尔内塞别墅园（Farnesi Villa）主体建筑后及其后花园里，立有多个单放的人身雕像，其头顶重物，这种形式是从希腊传来的。在北部的伊索拉·贝拉别墅园（Isola Bella Villa），于剧场两侧的石墩上和花园路旁都放有单个的独立人身雕像，起到丰富各处景观的作用。威尼斯西的多娜·达勒玫瑰别墅园（Villa Donà dalle Rose），在其纵向轴线园路上花坛喷泉的两侧布置独立的人像雕塑，有节奏地组成局部景观，使其成为主体建筑前重要景观的前奏景色。威尼斯南面的贾尔迪诺·博纳科尔西花园（Giardino Buonaccorsi Garden），在该园主体建筑前二层台地花坛园中心路的两侧，成行排列着单个皇帝雕像，构成此园独特的景观。

贾尔迪诺·博纳科
尔西花园皇帝雕像
（Georgina Masson）

⑤栏杆立柱雕像

这里是指非水池边栏杆立柱上的雕像。如佛罗伦萨西北面的托里贾尼别墅园（Torrigiani Villa），在两个台地园连接处，多层台阶护墙的栏杆立柱上，并排装饰着单个人身雕像，这些各种姿态的人像由后面深色丛林衬托出，构成一景，增加了景观的内容。在罗马阿尔瓦尼别墅园（Albani Villa），于主体建筑前平台的栏杆石墩立柱上，对称地布置了两个体态优美，身穿服饰，线条流畅的人身雕像，这两个雕像本身既有典故，又耐人欣赏，它成为从主体建筑观看花园景观的前景，增加了景观的层次。北部的伊索拉·贝拉别墅园（Isola Bella Villa），在其剧场后面

托里贾尼别墅园栏杆立柱雕像

伊索拉·贝拉别墅园栏杆立柱雕像

的六层台地的周围栏杆立柱上和两侧二层八角楼顶部的栏杆立柱上，都摆放了人身雕像，反映了巴洛克时期装饰过分，有些矫揉造作。北部米兰附近的博佐洛花园（IL Bozzolo Garden），在中心轴线五层台地大台阶两旁的台地围栏上，放置了对称的单个雕像，更加突出了中轴线大台阶的气势。北部米兰正东湖边的索米·皮切纳尔迪别墅园（Villa Sommi Picenardi），在该园二层台地中间的台阶上层挡土墙栏杆上，平列着立式人身雕像，雕像的方形柱台较高，其背景是高大的深色柏树，从低层台地园向上望去，清晰的雕像起到了为景添色的作用。

5. 建筑多样，融于自然

这一时期的建筑，根据建筑结构、材料的技术水平，别墅、府邸只能做到五、六层以下的砖石、砖木、砖拱组合的构造建筑。其平面形式多为小开间组合的几何形，只是立面用材、线条组合、开间比例尺度、屋顶轮廓造型、层数规模等方面有所变化。这里按建筑所在位置的不同，分别加以说明。

① 建筑位于高台

在佛罗伦萨西北方向科洛迪（Collodi）的加佐尼别墅园（Garzoni Villa），其主体建筑选在园的西北向高地处，台地花园于西南—东北走向高坡地上层层升起，入口处在低层西南边，沿花园南北向边缘有路直通主体建筑，另在花园高处铺路连接主体建筑；这种布局建筑僻静，但联系花园与进口都很方便（134页图）。罗马梵蒂冈宫大台阶院（Belevidere Vatican），16世纪将梵蒂冈宫新旧宫改建为一体，形成这个南北向有300m长大台阶院的3层台地园，南段低处为半圆形剧场，北端高处即三层台地的尽头是主要建筑，其建筑形式中心为3层高的半个龛式穹顶模样，雄伟端庄，颇有气势，它显示出了伯拉孟特的才华，这个主体建筑控制了整个大台阶院，后来成为博物馆、图书馆。罗马的阿尔瓦尼别墅园（Albani Villa），主体建筑为横长形，坐落在中心较高台地尽头，主要台地花坛喷泉园在其前面较低台面上，此台地园末端是一咖啡屋，为主体建筑的对景，主体建筑右边为更低一层的老台地园，配上主体建筑左边的花园，使主体建筑均衡地处于俯览全园空间的位置。罗马的法尔内塞别墅园（Farnese Villa），十分壮丽，有5层台地园，在其纵向轴线最高处的正中，建了一个2层双翼，中间为2个3层方形带有拱形四坡屋顶的墩式建筑，这个主体建筑体形有变化，可俯视控制整个台地园景观。

罗马西北面卡普拉罗拉（Caprarola）的法尔内塞园（Farnese Villa），主体建筑为壮观的5层五角形，它位于坡地高台处，建筑后面为低下一层的花坛台地园，从建筑中和建筑背面外边的平台上，都能俯视花坛花园及其背景丛林的自然景观，体现出建筑位于高处的特点。位于罗马东的埃斯特别墅园（D'Este Villa），它是一个主体建筑居于高处，统领全园景观最为出色的一个实例。1995年4月我们乘车去蒂沃利（Tivoli），绕到该园高处，从南门进入主要的前院，登上主体建筑的后平台，向北眺望，观赏到左中右多彩多样的景点，几层台地园的整体面貌尽收眼底。当我们下楼走到纵向轴线最低处时，回头仰视，看到一个明快、简洁、大方的高台建筑，这个主体建筑为4层，墙面浅色、干净，只有几个横的线条和两个对称的突出楼面，中心券门，阳台突出，两翼较低，建筑舒展，笔者感觉，它是存在至今的文艺复兴时代的一个杰作。在北部米兰附近的博佐洛花园（IL Bozzolo Garden），是一个有5层台地的花园，中心纵轴为一大台阶，台阶的顶部建一不大的建筑，通过中心建筑及其前的平台，可俯瞰有气势的大台阶和台阶两旁的大盆花木、雕像与台地园的全园景色。位于威尼斯西部的多娜·达勒玫瑰别墅（Villa Donà Dalle Rose），有一长长纵向轴线园路，于此轴线结束的高处，布置了一个规模不大的主体建筑，它是纵向轴线的尽端对景，可俯览有景色变化的中心园路及其两旁的丛林景观。在威尼斯西的奥托（Orto）植物园，建于16世纪，是意大利早期的植物园，这里的台地园规模不大，高差也不大，主体建筑布置在3层台地最高一层的正中，其造型丰富，具有多个圆拱顶，这是此地高台上建筑的特点。威尼斯南的蒙特加洛别墅园（Montegallo Villa），是一个规模不大的台地园，紧靠二层方形台地园的是一较高的圆形的团城，通过圆弧形的两侧台阶可上到团城，团城后边立一凹圆弧形的2层主体建筑，这个高台建筑的特点是，规模较小，但与下一层的台地园联系紧凑，建筑造型优美，上下两层台地，圆方对比，富有变化。

奥托植物园的建筑位于高处（Georgina Masson）

罗马法尔内塞别墅园位于高处的主体建筑（Marie Luise Gothein）

② 建筑居于中部

　　主体建筑位居台地园中部，前后都可观景，这是它的特点。如著名的朗特别墅园，1995年4月我们来到此园，从入口池边台阶拾级而上，左转便看到方形的一层台地园，稍停视线转向高处，便可望到两幢对称的主体建筑，它们分别位于一、二层台地园之间的两侧；建筑为2层，每幢建筑的正、侧面各为三开间，呈方形，屋面是四坡顶，顶的中心加一小方形顶层，建筑墙面的四角包石，下层为拱券门，上层为长方形窗，整体比例尺度和谐，同上下层台地园融为一体，不仅前后游园方便，而且其本身就处于花园的怀抱之中。

　　位于佛罗伦萨附近的坎皮别墅园（Campi Villa），规模较小，是一山丘两面坡地，主体建筑建在花园的中部，但是处在丘顶最高的地方，建筑为两幢，平行对立于两侧，类似朗特别墅园的对称摆法，其中间是一规则的盆花花坛园，两幢建筑的后面为一向下坡地的丛林花园；建筑3层，四坡瓦顶，四面墙体光亮无线条划分，整体简洁明快。又如罗马南的阿尔多布兰尼别墅园，主体建筑在坡地的中间，规模较大，其背后是台地园的主要景观水剧场，建筑前面利用坡地建有坡地花坛园，建筑外观舒展、壮观。北部的帕拉佐·多里亚花园（Palazzo Doria Garder），主体建筑位于前低后高2层台地园之间，从一层花坛台地园通过两边的台阶可走进建筑一层的圆拱门式空廊中，这个主体建筑为2层，上下层由横向栏杆分隔，坡形屋顶，整体虚实、造型有变化，通过建筑端头可进入后山丛林花园；由于建筑较长，将两个台地园分隔开，彼此的连接不够顺畅。

帕拉佐·多里亚花园建筑在中部（Marie Luise Gothein）

③ 建筑位于低处

主体建筑在坡地的最低处，进出和观赏台地花园比较方便。如博博利花园，它在佛罗伦萨东南面，1995年4月，我们从该城中心走过有名的旧桥，再往西前行，向南转便来到了皮蒂宫前的北门，皮蒂宫是博博利花园里东园的主体建筑，位于东园最低处，皮蒂宫南面是东园逐步升起的3个台地园，这个主体建筑是"U"形，3层，环抱一层露天剧场台地园，红色坡形屋顶，墙体系粗石垒砌，以横线条分隔各层，券拱式门窗，内部装饰比较豪华，反映了文艺复兴后期的设计思想。卡斯泰洛别墅园，1995年4月我们出佛罗伦萨城向西北行，在大片平地的一端小山坡处停下来，通过林间路进入该园的南门，向西望是一个较开阔的花坛台地园，其南面即主体建筑，它面对似空中花园的3层台地园，在此建筑前或来到建筑中都可观赏到层层的园景；此建筑为2层楼房，坡屋顶，有序地布置门窗，给我的感觉是，这是一个反映文艺复兴初期的建筑与园林，简洁大方。在北部马焦雷（Maggiore）湖中的伊索拉·贝拉别墅园，1995年4月我们乘船来到该园岛的西部登岸，向东北行至岛北端的一个大平台，这是主体建筑群前广场，在这里可眺望对面的岛园，景色开阔动人，回头观看，便是这个壮丽的主体建筑，它的四至六层高的墙体层层伸出，中心最高处屋顶为伞形，两旁的五、四层处为坡形屋面，屋面为红色，墙体浅黄，对比鲜明，步入室内大厅，花饰和珍藏的名画呈现眼前，在地下室还存放精美的家具、人体与建筑模型等，同主体建筑垂直方向布置较长的通廊，走出通廊通过一圆形庭园，便转轴进入了前3层后6层的台地花园，这就是低处主体建筑同其后面花园的连接关系。

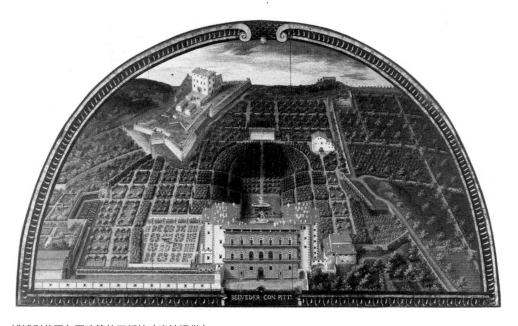

博博利花园东园建筑位于低处（当地提供）

④ 建筑整体连贯

无论是纵向台地庭园还是纵向平行的台地园，都通过墙、廊或建筑将主体建筑和其他建筑连接起来，成为一个建筑群整体，其背景为较多的林木，以衬托出此建筑群。这类建筑不多，有自己的特点。如罗马皮亚梵蒂冈别墅园（Pia Vatican Villa），是为罗马教皇庇护四世而建，其建筑凉廊修建在台地的两侧，从两侧台阶走上，通过凉廊进入中心台地庭园，这个庭园由主体建筑、次要建筑和凉廊、栏杆、花木围起，中心布置水池喷泉，形成连贯的建筑群，建筑群后以丛林衬托。又如罗马近郊的教皇朱利奥三世别墅园，这是建筑与庭园连贯成一个建筑群的典型实例，主体建筑位于较高入口处，通过大厅、围廊进入马蹄形庭园，然后上台阶通过三开间建筑可看到较小的下沉式第二个庭院，经半圆形室外楼梯下到带有地坑的庭园，再往前行，又通过三开间建筑可俯览到一个由方形围墙围起的第三个低台地的花坛园，在此三开间房的两侧有圆形旋梯下到这个低台地花园；这三个庭院、花园的形状、大小、装饰各有不同，形成有对比变化的连贯的建筑与花园结合的整体。在罗马南的蒙德拉戈内别墅园，其建筑整体规模较大，主体建筑前设凸半圆形的平台，可眺望周围花园、农田的自然景色，主体建筑后布置一个长方形的大庭院，庭院后面设一大的半圆形剧场；平行这个大庭院的左边，通过墙的连接安排了一个长条形花坛台地园，此园后部高起的台地是一个小半圆形的剧场；平行中间大庭院的右边，通过冬廊联系着一个台地花园；这一由墙、廊连接起的3个平行的台地园建筑群，其前后都有大片树林相衬，建筑群形象完整靓丽。

罗马教皇庇护四世梵蒂冈别墅园建筑庭院一角

罗马教皇庇护四世梵蒂冈别墅园建筑整体连贯平面
（Marie Luise Gothein）

⑤ 建筑居网络中

这类建筑与花园的规模大，其道路的划分有如城市的道路交通网络，形式多样，有方格状或方格加放射状等，由主体建筑构成的有轴线的重点区域，居于网络的中心或偏于一侧，其轴线不贯穿全园，但它们仍可控制着全园的空间环境。如罗马的帕姆菲利别墅园（Pamfili Villa），主体建筑在全园网络的东北角台地园上，它离东北角入口很近，建筑向南，为3层，中间三开间凸出，中央顶部退后设一高出一层三开间的方形体，两翼为一层墙体陪衬，台下有一层洞屋，使这高一层台地上的建筑与花坛构成的台地园很有气势，雄伟壮观；它同下一层的花坛花园，包括水剧场等，虽在东部区域，但这组精致的建筑与花园自然形成了全园的重点景观。还有罗马的马泰别墅园（Mattei Villa），主体建筑位于两个台地之间，最低一层在陡坎边缘，有坡道台阶通向上面的2层建筑，这个主体建筑前设一纵向长方形前呈半圆形的广场，其四周以柏树围合，在此建筑左端前亦设一矩形前为半圆形的广场，这是全园的中心，但其轴线并未贯穿全园；其后布置一条大道，通向左右两个入口，大道后为集中到一点的多条放射路网，在此网格中种植花木；在主体建筑区域左面布置了方格网络，于这些网格中亦种植花木和保留一个老教堂，此左面与后边的网络均衡地陪衬着主体建筑区域的主要景观。

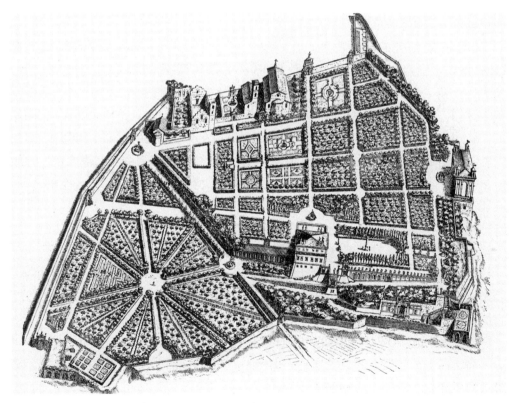

马泰别墅园建筑居于网络中（Marie Luise Gothein）

（二）优秀台地园实例

为了进一步完整地了解意大利这段时间的花园面貌，这里共选录了10个实例，按地区排序，佛罗伦萨及其周围地区4个，罗马及其周围地区5个，北部地区1个，这些实例并未按文艺复兴发展三个阶段分类排列加以说明，但在各个实例中都可看出不同阶段的特点。

1. 卡斯泰洛别墅园（Villa Castello）

该园位于佛罗伦萨西北部，它是梅迪奇（Pier Francesco de Medici）家族的别墅园。初建于1537年，虽时间稍后，但它体现了初期简洁的特点，故以此为例代表简洁型。它的具体特点有：

（1）台地园。建筑在南部低处，庭园位于建筑北面的平缓坡地上，在此坡地造成3层露台的台地园。一层为开阔的花坛喷泉雕像园，二层是柑橘、柠檬、洞穴园，三层是丛林大水池园。

（2）布局为规则式。庭园中心有一纵向中轴线，贯穿3层台地；建筑Casino南面又有另外一条轴线，这种手法可称其为错位轴线法。

（3）典型的花木芳香园。春、夏、秋季十分迷人，玫瑰花盛开，广玉兰兴旺，夹竹桃带着似柳的嫩枝，二层台地上摆放的盆栽柑橘树、柠檬树叶茂枝繁，整个庭园浮动着丰富的芳香气味。

（4）带有精美的雕像喷泉。在一层台地的花坛中间布置一个顶部为大力神（HercuIes）同安泰俄斯神（Antaeus）角力的雕像喷泉，喷泉的立柱周围还附有古典人像，猜想是梅迪奇家族的半身塑像。这个喷泉雕塑是在意大利看到的最好的一个，从整体到小孩、山羊头、野鹅等每个细部都制作得十分完美。有人认为这是特瑞博罗（Tribolo）的作品。还有一精美的山林水泽仙女塑像，后被移放在彼得拉亚（Petraia）别墅中。

（5）秘密喷泉。在一层台地进入二层台地时，中间布置有踏步，当人走过时从这里喷出许多细柱水。这些秘密喷泉，在老的意大利园中都能见到，在炎热之季，它能湿润石造物，起降温作用，还能增加游园人的兴趣。

（6）洞室。在台地之间挡土墙的前檐下部，人工凿成洞室，在夏季酷热时，这个隐蔽处十分阴凉，这是因遮阴凉爽需要而发展的。

（7）动物雕塑。以野鸡、凶猛鸟禽雕塑作为建筑端部装饰。艺术家雕出雄鹿、公羊、狮子、熊、猎狗、背负猴子的骆驼以及水生贝壳动物等雕塑，将其大部分放在洞室内。这种喜爱动物生活的情趣，反映了文艺复兴的思想面貌。

（8）大水池。在三层台地的中心部位有一大水池，周围密植冬青和柏树，中间有一岛，岛上放一巨大的象征亚平宁山（Apennines）的老人塑像，老人灰发，忧郁，双臂相抱，胡子上有水滴滴下，表示泪和流汗。这个大水池是全园用水的水源，起水库的作用。

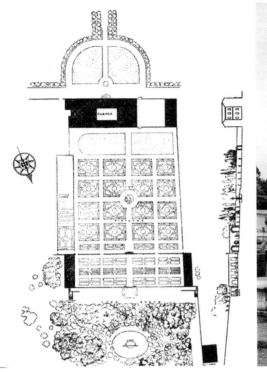

卡斯泰洛别墅园平面、剖面（Hélio paul et Vigier）　　卡斯泰洛别墅园一层台地中心雕像喷泉

卡斯泰洛别墅园沿中轴线从一层台地向北望

卡斯泰洛别墅园从三层台地向南俯视一、二层台地园

卡斯泰洛别墅园一、二层台地连接处

卡斯泰洛别墅园二、三层台地之间的壁墙

卡斯泰洛别墅园二、三层台地连接的台阶

卡斯泰洛别墅园洞室动物雕塑（Rolf Toman）

卡斯泰洛别墅园三层台地丛林

卡斯泰洛别墅园三层台地水池及池中老人雕像

2. 博博利花园（Boboli Garden）

该园建在佛罗伦萨西南隅，其名称来源于原土地所有者博博利家族的名字。原是皮蒂宫的庭园，1550年开始改建扩充而成。此园是老花园中的一个重要典型，它保持了原貌，当时已对公众开放，建筑与园林的装饰过于繁琐，是代表文艺复兴后期的一个规模很大的实例。具体特点有：

（1）以轴线串联全园景点。此园东西两端，各有一条纵向中轴线，东端轴线将皮蒂宫与台地园串联起来，西端轴线为伊索洛陀（Isolotto）平地园的中心部分。另有一条横向中轴线将东西纵向中轴线连接在一起，形成完整的花园。整体布局规则有序。

（2）东部台地园层次丰富。东部北低南高，此南北纵向轴线串联着4个景点，即花园洞屋、露台剧场、海神涅普顿塑像喷泉水池和最高处的雕像与观景平台花园。在洞屋景点安排有精美的雕刻，洞屋立面有两头公羊装饰品，入口处还有太阳神阿波罗（Apollo）和谷物神刻瑞斯（Ceres）塑像。里面放有一可爱的大理石喷泉，上有由4个森林之神作支架的水盆，从他们口中喷水射向中间立着的维纳斯塑像。这个雕像是弗朗切斯（Francesco）王子的珍藏品。

（3）露天剧场。在洞屋南面重点安排了一个圆形露天剧场，它具有很多人集会的功能。剧场周围是依山边而建的6层坐凳，坐凳外围均匀地立着放有雕像的壁龛，背景是月桂树篱，在剧场北面的建筑二层平台上，布置了一个壮丽的八角形喷泉，在这里可俯览整个露台剧场。剧场中心放一大水池和一个从罗马带来的埃及方尖碑。

（4）布置雕像喷泉和平台小花园景点。在剧场南面顺斜坡而上，布置了一个以海神涅普顿塑像喷泉水池为中心的高出剧场一层的台地园。再往南到顶部有一塑像，此

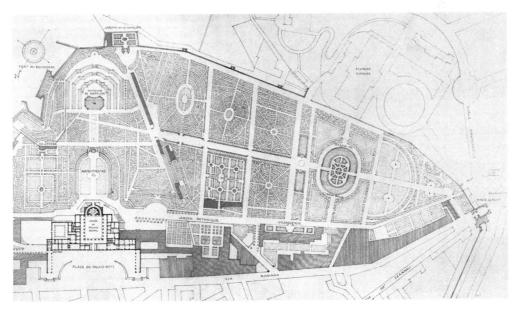

博博利花园平面（Hélio Paul et Vigier）

处是南北纵向轴线的南端。在此塑像西边，登上一个旋转台阶，就是一个观景平台花园，从这里可俯视到园内外的灿烂景观。此小园有4片以黄杨围起的花坛，中间是一个媚人的喷泉，沿边放有麝香石竹盆景。1592年，在此建有长条碉堡，在当时围城11个月中，它帮助保卫了城市。

（5）以柏树林荫大道突出了东西横向长轴线的连接作用。该园东西两部的花园，是靠这条东西向轴线联系起来的，其作用十分重要，因而设计成了高大柏树的绿荫大道。此大道东高西低，并未建成台地，而是以坡道连贯，突出了它的连接作用，其本身也是一个壮丽的景观。

（6）西端布置伊索洛陀平台园形成全园的高潮。它是柠檬园，以大水池为中心，中间是一个椭圆形岛，有两个桥通向小岛，岛中央立一海神俄刻阿诺斯（Oceanus）雕像，其基座周围刻有文字记载，说明1618年7月18日为纪念匈牙利国王出访而立。环岛栏杆的支柱处为盆状，中间栽植柠檬树、橘树，树上结出果实，黄色、金色耀眼，确实形成了全园的精华景色。池中池边立有多种喷泉塑像。这些作品受到了巴洛克的影响，显得不够简洁。从全园整体来看，建筑装饰、雕像装饰以及花坛的布置，都受到巴洛克（Baroque）式的影响，其复杂、过多、矫揉之处不值得今日借鉴。

博博利花园东园洞屋入口
（Hélio Paul et Vigier）

博博利花园东园露天剧场

博博利花园东园露天剧场画（Georgina Masson）

博博利花园东园纵向轴线（从北向南望）

博博利花园东园二层台地水池中海神涅普顿塑像

博博利花园东园纵向轴线（从南向北望）

博博利花园东园纵向轴线南端最高处雕像

博博利花园观景平台花园入口

博博利花园观景平台花园

博博利花园横向轴线（远处是西园）

博博利花园西园伊索洛陀园入口（Hélio Paul et Vigier）

伊索洛陀园北端雕像

伊索洛陀园西部通向中心岛

3. 加佐尼别墅园（Garzoni Villa）

该园位于佛罗伦萨城西北面的科洛迪，建成于17世纪下半叶（约1633～1692年），属于巴洛克样式，作为夏宫使用，具有美学意义的有机整体，后对外开放。其地形是东北高、西南低，入口设在西南面的低处，花园由一条西南至东北方向的纵向轴线贯穿，沿花园右面边缘设路通至位于花园右侧高处的主体建筑，主体建筑后东北面的丛林同此处村庄连接在一起。花园部分主要为3层台地园，低层台地左右各设一个圆形水池，池中心有喷射极高的水柱喷泉，水池前后有整形花木与花坛；第二层台地主要是花坛园，在其后部中心布置一浅坡地大花坛，这个圆形花坛规模很大，色彩艳丽，黄色、紫色相配，两侧有圆形、长方形绿篱相衬，两边前方还有对称的棕榈木与盆栽群，其后为高大的三层两侧台阶及其坎墙壁，由于坎墙壁设有壁龛雕像，台阶栏杆上立有雕像，特别是层层台阶后左右立有对称的高柱与雕像，使这组台阶壁十分壮丽，当人们站在大花坛前向后观赏，这第二层花坛园及其后面二、三层连接的台阶建筑雕像和第三层林木茂盛的绿色背景，构成了一幅多层次的花园景观；再前行走上第三层台地时，回头俯览，前景是台阶栏杆与雕像，中景是二层台地园花坛和一层台地水池与水柱喷泉，远景是更低的农田和又高起的坡地林木，这是一幅更多层次的自然田园景色；在第三层梯田式林木群的顶端是一半圆形水池，池壁高处立一赤脚吹螺的女神像，瀑布从其脚下流入池中，园中还有其他一些动人的雕像，如一妇女持一男人头像，人与狗的雕像，它们都叙说着一个故事。女神像与栏杆上的雕像等是用当地赤土烧制而成。这第三层林木水池园的背面有大片丛林同主体建筑和当地坡地村庄相连。园内还有一个绿色剧场，由林木和雕像组成。此园的台地层次，主体说是3层，加上细部何止3层，是一个层次极多的构图对称的壮丽的台地园。

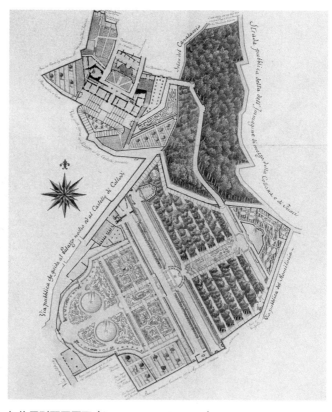

加佐尼别墅园平面（Marie Luise Gothein）

加佐尼别墅园二层台地花坛（Rolf Toman）

加佐尼别墅园从纵向轴线下望一、二层台地园

加佐尼别墅园连接二、三层台地台阶立柱动物雕像

加佐尼别墅园从三层台地侧面俯视园景及园外景色（Georgina Masson）

加佐尼别墅园三层台地园顶端水池景观（Rolf Toman）

加佐尼别墅园人与狗雕像（Rolf Toman）

4. 甘贝拉亚别墅园（Gamberaia Villa）

此园在佛罗伦萨东面塞蒂尼亚诺（Settignano），建于17世纪初，用地为南北长东西窄的不规则长条形状，位于东北面高西南边低的坡地顶部，总体布局是，建筑在中心地带，呈方形，其前南边布置一个南北向长的水池花坛喷泉园，在建筑东面安排一个东西向长的下沉式花坛园，于东北、东南两边有自然风景式花园，形成多种式样的规则台地加自然风景式园景。南边水池花坛喷泉园最为精美，由方形一分为四个水池，中心有一圆形喷泉水池，其南端由一半圆形水池结束，半圆形水池外围为券拱门式树墙，通过透空的拱门可俯视坎下的农村景观，视野十分开阔，其西部长边的树墙，挡住视线，使人视线集中到南端。东边下沉式花坛园较小，为窄长条形，两侧台阶走下观赏花坛，其西部尽头亦设计成半圆形，设壁龛雕饰，顶部栏杆也有雕饰，四周墙壁悬挂攀缘植物，台阶中间放满盆栽，装饰过多，反映了巴洛克时期的特点。建筑旁的一个平台，摆放着赤土陶器雕饰物和赤土陶制花盆栽种的柠檬树、橘树等。主体建筑为二层，四坡红色屋顶，白色抹灰墙面，转角处有角石，长方形窗，半圆券拱式门入口，二层边部有一连续窗，虚实对比，整体简洁明快；建筑外围种有葵树、柏树，增加了景色的层次。在一些墙壁凿有壁龛洞穴，用碎石拼成，于其内放有人与狗的雕像等，有的做工不够细致，带有乡土气，但一些独立狮子雕像和栏杆上半身人像雕塑等，配合建筑同样是简洁明快。

甘贝拉亚别墅园从南花园向北望主体建筑

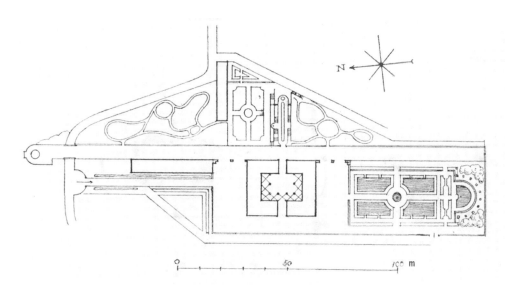

甘贝拉亚别墅园平面（Hélio Paul et Vigier）

甘贝拉亚别墅园从南花园南端绿色
圆拱门向北望主体建筑

甘贝拉亚别墅园东台地园（Hélio Paul et Vigier）

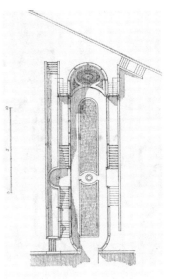

甘贝拉亚别墅园东台地园平面

甘贝拉亚别墅园南花园鸟瞰（当地提供）

甘贝拉亚别墅园主体建筑及其平台摆放的赤土陶器物（Rolf Toman）

甘贝拉亚别墅园栏杆立柱雕像（Rolf Toman）

甘贝拉亚别墅园狮子雕塑（Rolf Toman）

5. 教皇朱利奥三世别墅园（Di Papa Giulio Villa）

位于罗马近郊，建于1552～1555年，设计人是著名建筑师维尼奥拉（Vignola），用地为一窄长条形，纵深约120m，仍然采用文艺复兴时期传统的院落群，由一条纵向中轴线贯穿着3个不同标高的庭园，富有变化，与众不同。入口处建筑最宽，高两层，前面三开间突出，后面左右楼梯间退后，中心一间为3个窗，其下入口为券拱式门，左右两间各开两个窗，墙面采用横线条，清灰抹面，一层块石包角，二层壁柱贴角，坡形屋面，整体立面外观简洁明快舒展，比例尺度合宜。通过门厅进入第一个台地庭园，此处为规模大的马蹄形，宽27.5m，前面半圆形敞廊宽敞高大，进深5m，庭园地面以草地为主，边角处少有低矮植物，两侧墙面为二层柱廊式，同纵向轴线上的第二进建筑围合，侧墙外种以高大乔木衬托，使得这第一个台地庭园空间开敞雅静。第二进建筑中间为敞厅，其两边各有一凉室，从敞厅外侧两面伸出弧形台阶形成半圆形状，可下到第二个台地庭院，此院正中有一个下沉式的小庭院，形状亦为半圆形，其前面有4个希腊式人身单柱顶着小半圆形上部有栏杆的地板面，板下人身柱后为一洞穴，内有楼梯可上至地面，洞穴外两边布置有条形花坛，花坛前地面石拼成古代人与兽斗的画面，此空间小但上下空间层次多，雕饰与造型丰富的第二个台地庭园，同第一个大而简洁的开阔庭园形成了鲜明的对比和变化，给人以深刻的印象和建筑艺术感受。第三进建筑的中间是个小的敞厅，它的两边设有小的旋转梯可来到第三个27.5m见方的花坛花园，这个最低的花园，由一分四块花坛和中心的喷泉雕像组成，其四面墙壁作成柱式组合。这3个台地庭园、庭院，是因这里的坡形地势而形成，其大小、形状、装饰、空间变化多样，构成了有节奏韵律的空间环境，是一个优秀的古典建筑群。

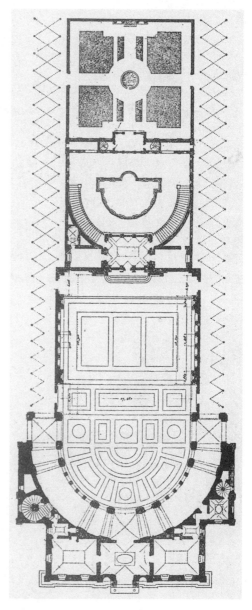

教皇朱利奥三世别墅园平面（Hélio Paul et Vigier）

教皇朱利奥三世别墅园入口外景

教皇朱利奥三世别墅园第一个庭院（从左向右望）

教皇朱利奥三世别墅园第一个庭院（从右向左望）

教皇朱利奥三世别墅园第一、二庭院连接柱廊

教皇朱利奥三世别墅园第二个庭院画（从前往后看）（Marie Luise Gothein）

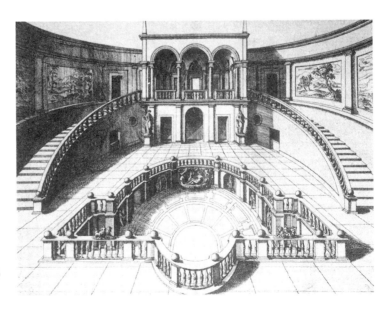

教皇朱利奥三世别墅园第
二个庭院画（从后往前望）
(Georgina Masson)

教皇朱利奥三世别墅园第二个庭院（从前往后看）

6. 美第奇别墅园（Medici Villa）

位于罗马，从其主体建筑旁可看到圣彼得大教堂，建于16世纪下半叶。主体建筑布置在中部的顶端，其前为中心花坛园，由精致的6块方形花坛组成，花坛中立有方尖碑和雕像喷泉，作为主体建筑的对景，中心花坛园背景有界墙，界墙前有白色带浮雕人像的方墩，方墩上立放男士雕像，在林木的衬托下，轮廓清晰。中心花坛园右侧有一层高的挡土墙，将它设计成浅色带有壁龛雕像的建筑形式，有机地形成连接右边林木台地园的界墙。主体建筑的左侧是由16块方形花坛组合的更大的花坛园，其后半部分同中心花坛园连接，主体建筑的前右侧，即中心花坛园的右边，就是前面提到的林木台地园，原设计是在花坛中间建一多层圆形台地柏树林高塔院，后未实现，改为自然式林木花园，其内还有一组人像雕塑，艺术性很高。在主体建筑广场水池喷泉前布置一条横向大道，它将左中右部花园和主体建筑联系为一体。主体建筑呈"L"形，向右边伸出，大部分为3层，中心五开间退后一些，略高些，其后两侧竖立高出三层的方形塔楼，正入口为高至二层的券拱形双柱式门廊，门廊前两边立有一对雄狮，还有一对男女的精美雕像，中间立一动态的女子雕像，入口两侧设台阶，这就使此重要入口十分突出，从门廊中向外观赏，前景是这些丰富的雕像，中景为水池喷泉和中心花坛园，远处有高出界墙的林木；主体建筑的墙面多处饰以精细的浮雕，使整体建筑显得格外华贵，这是文艺复兴中晚期向巴洛克式转变的特点。

美第奇别墅园主体建筑（Marie Luise Gothein）

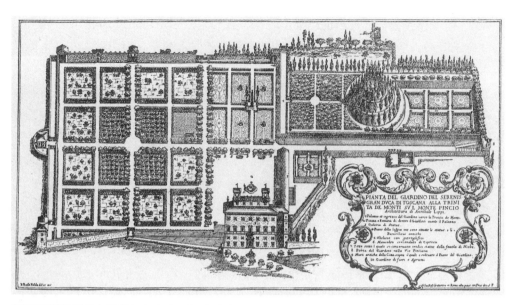

美第奇别墅园总体布局（Marie Luise Gothein）

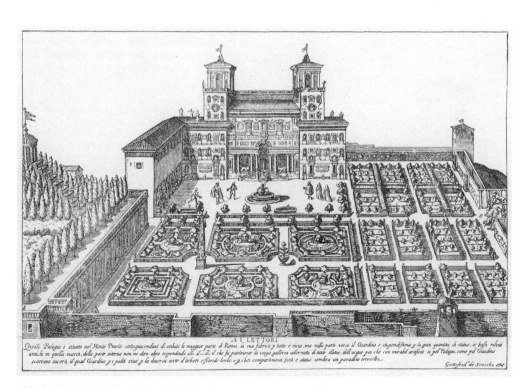

美第奇别墅园主体建筑及其前、左面花坛（Marie Luise Gothein）

美第奇别墅园主体建筑入口

美第奇别墅园主体建筑入口画（Marie Luise Gothein）

美第奇别墅园主体建筑大厅（当地提供）

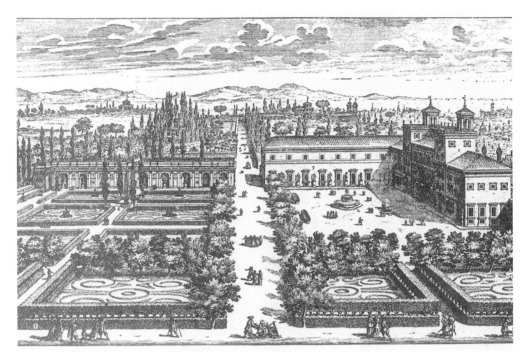

美第奇别墅园从主体建筑左侧花坛望全景画（Marie Luise Gothein）

美第奇别墅园从主体建筑入口大厅外望（当地提供）

7. 阿尔多布兰迪尼别墅园（Aldobrandini Villa）

该园位于罗马南面弗拉斯卡蒂镇的城边缘，始建于公元1598年，为红衣主教彼得罗·阿尔多布兰迪尼（petro Aldo brandini）所有，由于规模大，不断扩建，后期受巴洛克式影响，装饰过多。此园有如下特点：

（1）台地两坡。其用地为长方形，但为两面坡，前面坡地为主，建筑居中，建筑前入口设计成坡地园，建筑后面面对水剧场，形成主要的台地景观，水剧场后为下坡台地园。

（2）中轴线长。用地中心突出一条纵向中轴线，它从中心入口贯穿着主体建筑、水剧场、后山坡水景，一直到底，形成对称的坡地、台地景观。

（3）建筑壮观。主体建筑前面依坡设计成2层高椭圆形下沉式院落，顺椭圆形台阶可上至建筑前的平台，建筑在平台上为4层11开间，正中3开间升起为6层，打断两侧坡屋顶，墙面由立柱竖线条和上下窗间细横线条划分，此楼两边配有一层建筑相衬，建筑外观舒展、壮观，面对水剧场的建筑后面立面，正中3开间5层向前凸出1个开间，其两边各4开间3层，同样简明、壮丽，有变化。

阿尔多布兰迪尼别墅园位置（Hélio Paul et Vigier）

（4）剧场秀丽。主体建筑对面的水剧场，是园中的主要景观，其体形曲线优美，平面为半圆形，中心五开间壁龛为券拱形门式，上部亦为半圆形，壁龛内装饰雕像典雅动人，如左起第一间，由爱奥尼克柱头托起圆拱，其两侧立有作柱身的一男一女身托起圆拱上的横梁，壁龛内以山洞为背景坐着一位手抱乐器正在吹奏的男士，其脚下凿出一个半圆形的洞穴，中立一圆形池喷泉，全壁龛整体雕饰精细秀丽。

（5）绿化多样。入口大道，后改为林荫路，再后为修剪成方形外观的柏树林荫大道，在水剧场和主体建筑的两侧，种植自然的花木和一些规则花坛、绿篱。在水剧场背后立有柏树墙和其他一些高大乔木，在前山坡和后面坡地种有壮观的悬铃木属植物，还有橡树、杉树、柏树等周围丛林。

（6）水景多种。在水剧场的正中背后高处，设有陡阶梯式瀑布，其两侧立有一对族徽装饰的冲天圆柱和喷泉；沿中轴线后山坡仍布置阶梯式瀑布，其末端为垂直瀑布流入池中；顺着后山坡下行，还有壁墙式直流瀑水和自然式、乡土式小瀑布；在水池旁安排有船形喷泉等。

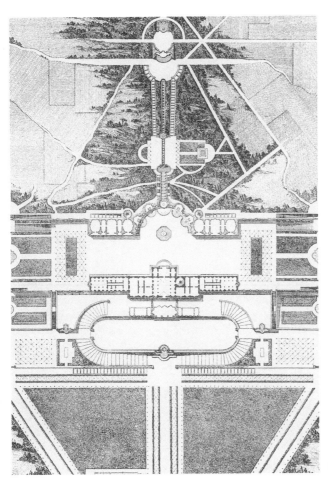

阿尔多布兰迪尼别墅园平面
（Hélio Paul et Vigier）

阿尔多布兰迪尼别墅园主体建筑前景观（近况，当地提供）

阿尔多布兰迪尼别墅园水剧场（Marie Luise Gothein）

阿尔多布兰迪尼别墅园主体建筑与水剧场之间空间环境（当地提供）

阿尔多布兰迪尼别墅园水剧场壁龛左起第一间喷泉雕像（Rolf Toman）

8. 朗特别墅园（Villa Lante）

该园位于罗马西北面的巴尼亚亚（Bagnaia）村，在卡普拉罗拉园北。此园初建于公元14世纪，只是修建了一个狩猎用的小屋，15世纪添了一个方形建筑。1560 ~ 1580年红衣主教甘巴拉修建了花园，1587年他的继承人卡萨莱（Casale）将园送给蒙塔尔托，他建造了美丽的底层中心喷泉。这个台地园的特点是：

（1）风格统一。据说是著名建筑师维尼奥拉和朱利奥·罗马诺（Giulio Romano）设计的。全园建筑、水系、绿化整体统一协调，这种总体控制的思想超过了其他的意大利园林。

（2）台地完整。花园位于自然的山坡，创造了4层台地。最低一层呈方形，由花坛和水池雕塑喷泉组成，十分壮观；通过坡形草地和两侧对称房屋登上第二层平台，台面呈扁长方形，这里左右各有一块草地，种有梧桐树群；然后，通过奇妙的圆形喷泉池两边的台阶上到第三层平台，这里的空间大了一些，中间为长方形水池，两侧对称地布置种有树木的草坪；第四层台地是最上面的一层，宽度缩小，为下面的1/3，在其纵向方面分为两部分，在低部分的相当大的斜面上，为连锁瀑布，贯穿中轴线，高的部分是平台，中心放一海豚喷泉，其后以半圆形洞穴结束。这4层台地，在空间大小和形状，以及种植、喷泉、水池等方面都是有节奏地变化着，并以中轴线和台地间的巧妙处理，将4层台地连成为一个和谐的整体。其效果超过了任何一个现存的老的意大利花园。

（3）水系新巧。各层平台的喷泉流水，达到了极好的装饰效果。它是托马西（Tomasi）指导设计的，他曾在蒂沃利建造过水的装置，但在此园超过了以前做过的，取得了新巧而价廉的效果。在一层占据1/4花坛面积，为一个正方形的大水池，四周围以栏杆，四方正中各设一桥通向中心圆形岛，岛中立一美丽的雕塑喷泉，有4人群像伸直手臂托着一组纹章官的雕饰，这是后来园主蒙塔尔托改建的，是其家族的象征。他们脚旁狮子口中有水流下，从栏杆柱上的面罩雕刻物口中也有流水落入池中。二、三层平台之间的圆形喷泉，做得同样精美。三、四层平台之间的半圆形水池，水从四层坡道成跌水流入此池中，是通过蟹爪雕饰流出的（蟹是甘巴拉家族的标志），水池两侧躺着河神，构成了一组壮丽的水景。这些水景和完整的台地以及柳暗花明的对比，可称为此园的"三绝"。

（4）高架渠送水。全园用水是由别墅后山上引来的流水供应，是采用一条小型的22.5cm宽的高架渠输送。

（5）围有大片树林。在此园左侧成片坡地上栽植树木，同前例卡斯泰洛园东面一样，形成大片树林，称之为Park，此是公园"Park"这个词最初的来源。在这里冬青木和悬铃木交叉沿着小径种植。现在的树木范围缩小了。这一树林的作用是多方面的，改善气候，土水保持，还可衬托出花园主体。

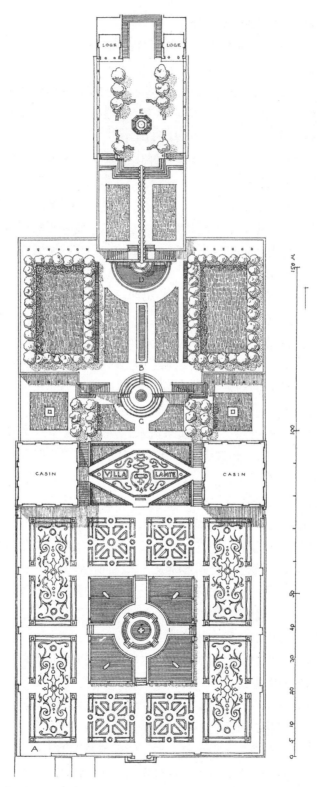

朗特别墅园平面（Hélio Paul et Vigier）

朗特别墅园鸟瞰（Rolf Toman）

朗特别墅园俯视一层台地中心喷泉雕像（Sandro Vannini）

朗特别墅园一、二层间中心坡形花坛

朗特别墅园平视一层台地中心喷泉雕像（Hélio Paul et Vigier 1922年前）

朗特别墅园二、三层台地间圆形水池喷泉

朗特别墅园三层平台长方形水池（Sandro Vannini）

朗特别墅园三、四层台地连接处河神雕像水池喷泉

朗特别墅园三、四层台地间斜面连锁瀑水

朗特别墅园从三层平台俯视一、二层台地园

朗特别墅园四层台地和喷泉

朗特别墅园四层平台尽端水池

朗特别墅园左面建筑展示原园主甘巴拉使用情况（Sandro Vannini）

朗特别墅园右边建筑
展示后园主蒙塔尔托
使用与珍藏品情况
（Sandro Vannini）

朗特别墅园侧面入口台阶旁水池喷泉雕像

朗特别墅园Park一角

9. 埃斯特别墅园（Villa D'Este）

该园位于罗马东面40km的蒂沃利城，始建于1549年。它是意大利文艺复兴极盛时期最雄伟壮丽的一个别墅园。它的特点是：

（1）选址优美。在罗马东面远郊区，利用一块缓坡地，古柏树尖参天，在柏树后还可看到遗留的老城残墙，向西望的日落点正好是罗马。这里的春天，大路两旁柏树、冬青挺立，深色的玫瑰与之相衬，紫荆落花如雨。当时有人对它作了可爱的描述，认为它是意大利别墅园中选址最好的一个。这说明该园选址是与当地环境和周围远处的大环境统一考虑的，取得了很好的联系。

（2）规模宏伟。占地面积大，为200m×265m。自1549年伊波利托·埃斯特（Ippolito D'Este）被教皇保罗三世指定为蒂沃利的地方官起，埃斯特决定在这里修建他的住宅，只有他能获得如此多的土地来建造花园。为了扩建，还拆毁部分村庄，以墙围起，作为保留用地。

（3）布局壮丽。纵向中轴线，从高处住宅往下一直贯穿全园。横向主要有3条轴线，居中的横轴与纵轴交叉处，设一精美的龙喷泉池，是全园的中心所在；在龙喷泉上面的横轴为百泉廊道，廊道东端为水剧场，西端有雕塑；在龙喷泉后面的第三条横轴是水池，水池东端为著名的"水风琴"，总体布局共有6层台地，高低错落，整齐有序，十分壮丽。

（4）水景为人赞赏。著名的水力工程师奥里维耶利（Olivieri）参加设计，以很大的花费将阿尼奥（Anio）河水转向流入到蒂沃利高山上，以此水用于众多的喷泉、瀑布和水利工程。横向的百泉廊十分有名，它的上边形成绿色喷泉墙，每隔几英尺就有喷泉射出弧形水柱，此墙带有埃斯特家族的标志。百泉廊东端的水剧场，为一半圆形水池，瀑布宽阔，上立一阿瑞托萨（Arethusa）女神塑像，此景观与"水风琴"、长条水池中高大喷泉水柱的水景同样壮观。

（5）观赏点重点处理。除上述水景重点处理外，还有两处最重要的观赏点。一是位于纵向中轴线一端的主体建筑（Casino），它是在最高的台地上，在此最高处可俯览全园，壮观的花园以及园外景色一览无余，令人胸怀开阔。另一是全园的中心点"龙喷泉"，这一喷泉立于椭圆水池中，喷出高大的水柱，周围是意大利最美的柏树，水池两侧半圆形的台阶旁布满了常春藤，构成了一幅很有意大利特色的景观画面，成为此园第二个重要观赏点。

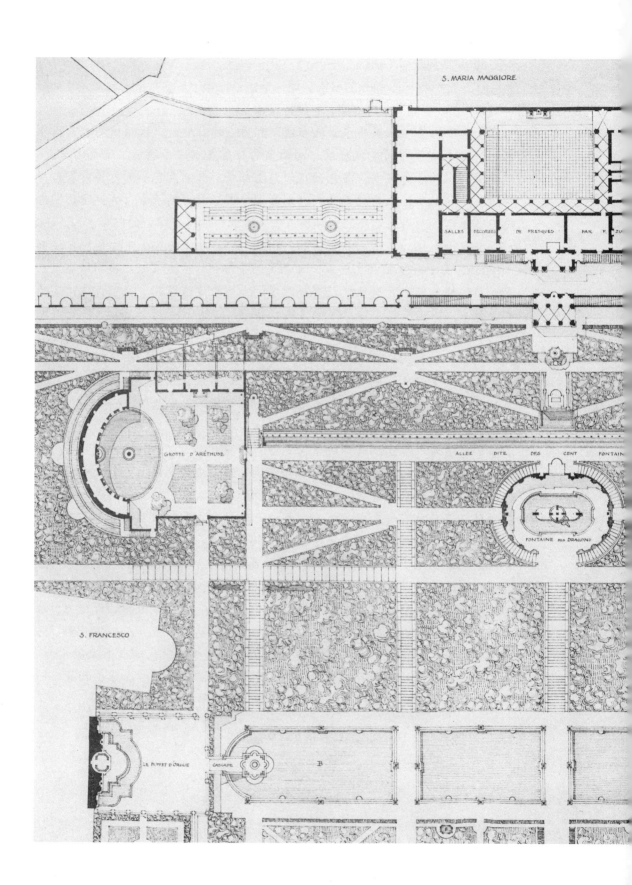

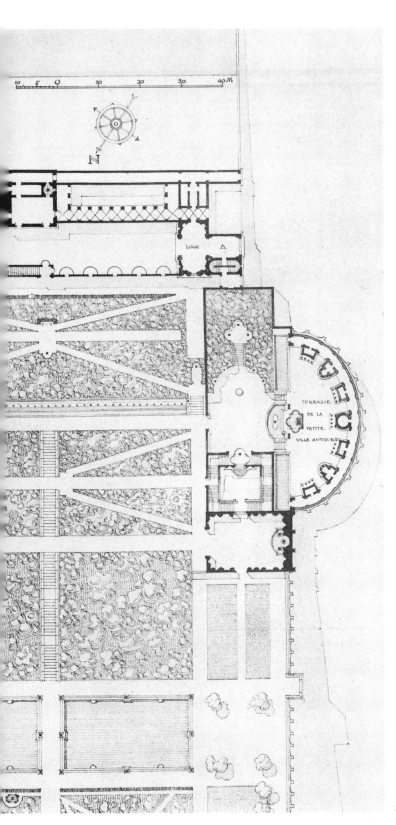

埃斯特别墅园平面（Hélio Paul et Vigier）

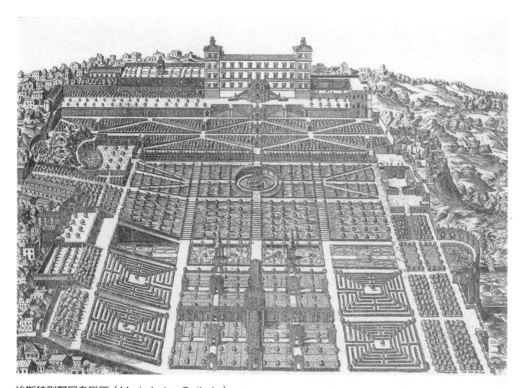

埃斯特别墅园鸟瞰画（Marie Luise Gothein）

埃斯特别墅园纵轴线景观画
（Marie Luise Gothein）

埃斯特别墅园纵轴线中心处龙喷泉

埃斯特别墅园百泉廊东端水剧场

埃斯特别墅园百泉廊（Georgina Masson）

埃斯特别墅园横向轴线水池

埃斯特别墅园横向水池东端水风琴画（Marie Luise Gothein）

埃斯特别墅园水风琴右面壁龛内音乐人雕像喷泉细部（Rolf Toman）

埃斯特别墅园主体建筑面对花园入口

埃斯特别墅园入口院落

10. 伊索拉·贝拉别墅园（Isola Bella Villa）

该园在意大利最北端的马焦雷湖中的一个岛上，对着斯特雷萨（Stresa）镇，系卡洛（Carlo）伯爵于1632年兴建，由其子在1671年完工。其名称取自卡洛伯爵母亲的姓名。迄今几个世纪以来，吸引了无数参观旅游者。它的特点有：

（1）水岛花园风貌。周围是青翠群山和如镜湖面，环境幽美，视野开阔，加上精巧的台地花园布置，使它具有传奇梦幻的色彩。

（2）层层台地，轮廓起伏，俯览仰视景色皆宜。从东面和南面都能登上有方形草地花坛的第一层台地面，花坛角上以瓶或雕像装饰，在夏季时将桶中橘树排放在路边。通过八角形台阶可步入第二层台地，这里有2个长方形花坛。第三层台地是一个土岗，通过两边的台阶可登上岗顶，这里是岛的最高点，可俯览广阔湖面景色和壮观的山峦。从湖面上仰视这个岛上花园，层层的林木与台地建筑，有节奏地升起，格外动人。在最高台地上安排一个剧场，高壁墙布满壁龛和贝壳装饰，中间顶上立有骑马雕像，属于典型的巴洛克式，装饰过于繁琐；顶上立马为独角马，这是园主家族的标志。

（3）突出中轴线贯穿全园。尽管岛形不规则，但长条形土岗的花园部分仍采用对称的布局方式，突出了纵向的中轴线，显得十分严整。别墅建筑在北面，东北面有一岛的入口，从环形码头登上，结合地形采用了转轴手法，进入花园。

（4）采用遮障转轴法与花园主轴线衔接。这个方法很巧妙，从岛的东北面上岸，斜向往前可步入一个小椭圆形庭院，从北面别墅房屋的一个长画廊亦可进入这个小庭院，该庭院遮住了周围的空间，人们在庭院中不知不觉地转了个角度，通过台阶走进花园，在感觉上好似轴线未变，而实际上轴线已转了个角度。这种遮障转轴法在地形或建筑要求有变化之处是一种好的设计手法。其关键是在转折处要布置一个圆形的封闭空间。

（5）装饰过分。除前述中心剧场装饰过多外，台基边上的栏杆、瓶饰、角上方尖碑、雕像，后面的2个八角亭等等，不够精练，使人一眼望去，感到矫揉造作，是典型的巴洛克作法。

（6）水源来自湖水。在最高台座的下面设一巨大水池，将湖水泵入水池，再从这个水池供应全园和喷泉用水。

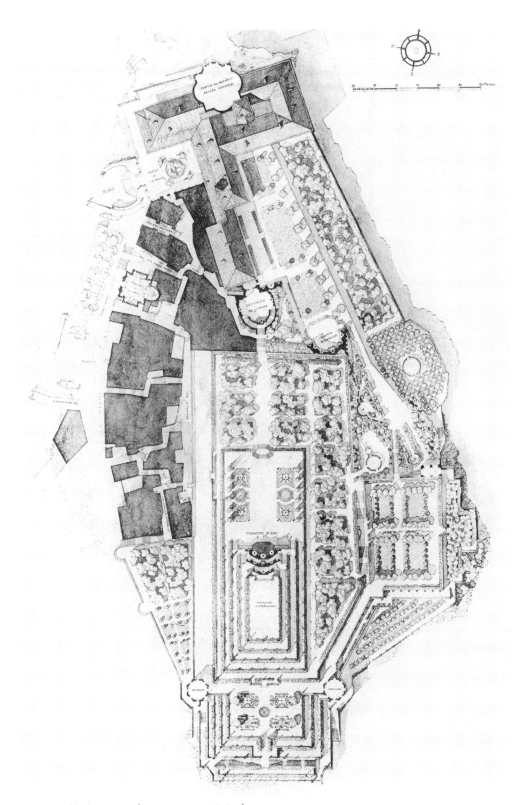

伊索拉·贝拉别墅园平面（Hélio Paul et Vigier）

伊索拉·贝拉别墅园从剧场向北望一、二层台地

伊索拉·贝拉别墅园从二层台地望剧场（MOZIO-Milan）

伊索拉·贝拉别墅园从东面台地望剧场及其后高台（MOZIO-Milan，剧场顶部独角马是园主家族标志）

伊索拉·贝拉别墅园俯瞰（Touring Club Italiano）

伊索拉·贝拉别墅园紧邻花园的建筑通廊

伊索拉·贝拉别墅园建筑与花园转轴线的庭院

伊索拉·贝拉别墅园从南面台地望剧场后高台（MOZIO-Milan）

伊索拉·贝拉别墅园南部台地大水池

伊索拉·贝拉别墅园主体建筑大厅

二、对法国的影响

15世纪末以后，法国造园受到了意大利文艺复兴园林建设的影响。主要表现在1495年法国查理八世到意大利"那波里远征"，虽军事上失败，但带回了意大利的艺术家、造园家，改造了安布瓦兹城堡园，后在布卢瓦又建造了露台式庭园等，引入了意大利的柑橘园等做法，具有意大利的风格，但没有转向开敞，仍保持着厚墙围起的城堡样式。后从法兰西斯一世至路易十三（约公元1500～1630年），法国吸取了意大利文艺复兴成就发展了法国的文艺与造园，培养了法国造园家，如莫勒家族，克洛特·莫勒继承父业，成为亨利四世和路易十三（1600年前后）的宫廷园艺师，在蒙梭、枫丹白露等供职，采用黄杨树篱和树墙，并发展有"刺绣分片花坛"，其子安德烈·莫勒，发展了"林荫树"的做法等。下面介绍几个实例。

（一）安布瓦兹园（Amboise）

该园与中古时期园子的风格略有不同，是在加宽了的一块高地上建造大花园，中为几何形花坛园，呈长条横向形状，由6块方形花坛组连续排列组成，每块花坛组布置着4个花坛，围绕花坛园旁种植果树，在这里放了橘子树，这在法国是第一次，橘子仅仅是苦果。花园还以格子墙和亭子围起来，路易十二时在花园周边又放了廊子，这种做法是从意大利学来的，它作为装饰在法国保留了很长时间。

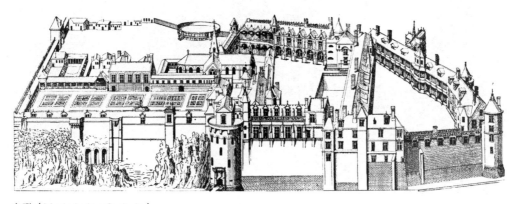

鸟瞰（Marie Luise Gothein）

（二）布卢瓦园（Blois）

该园是在老基础上重建的一个堡垒园，路易十二出生在这里。后筑起三个巨大的台地，布置有花坛、喷泉、长廊亭子等，带有挡土墙，并建有地下洞穴。但台地之间没有什么联系。从这个实例可看出法、意花园的区别。

法国花园，是坚固的中世纪堡垒园形式，花园与建筑联系不够，花园各部分之间的联系也不够。而意大利花园，建筑与花园联系紧密，并有明显的轴线和多样的台阶把各部分的台地园连接成为一个整体。

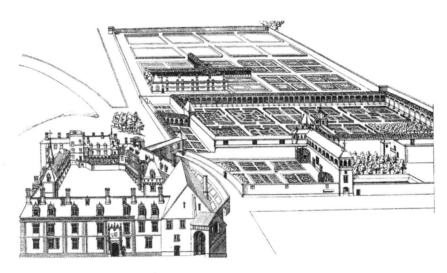

鸟瞰（Marie Luise Gothein）

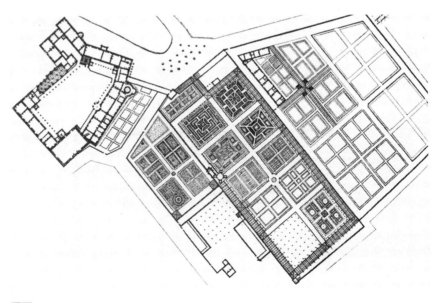

平面

（三）枫丹白露园（Fontain bleau）

原入口右面草坪花坛

原入口右面水池雕塑花坛

原是古代打猎的地方，一片森林。16世纪上半叶法兰西斯一世在这里修建堡垒园，有一些院落群，水沼泽地变成大的水池，紧靠在堡垒一边。在园子中间，从入口通向建筑群有一条种植四排树的大道。大道一侧是种有果树和草地的花园。水池另外一边搞了个冬园，种有冷杉和蔬菜。

建筑群院落中的花坛，在16世纪下半叶亨利四世时扩大了，三面是长廊，第四面是大的鸟舍，模仿意大利的风格，使高树、灌木在钢丝网之下。院落中心是喷泉，喷泉精华为月亮和打猎之神狄安娜（Diana）像，围绕喷泉是花坛，并有许多雕塑作为装饰。在大水池的花园部分，种树成林，又增加了花

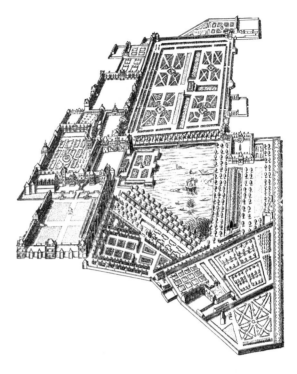

亨利四世时期鸟瞰（Marie Luise Gothein）

坛、雕塑和喷泉等。后路易十四时期，橘树被栽植在园中代替了鸟舍。

1995年12月笔者参观了该园，在其后部扩建有长长的运河，估计是受17世纪勒诺特式的影响；大水池部分亦改成自然式，大概是受18世纪发展自然式园林的影响。

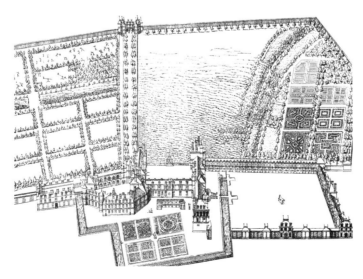

法兰西斯一世时期鸟瞰画
（Marie Luise Gothein）

原入口左面水池（后改为自然式）

水池左面园景（现入口右面，后改为自然式）

现入口建筑群庭园

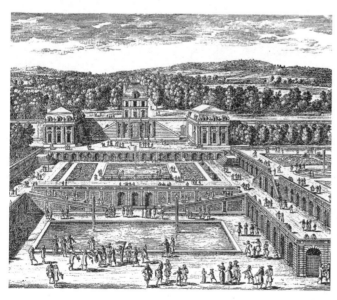

原入口右面园景画（路易十四时期）

后部扩充的运河

运河前壁饰雕塑

橘园画（Marie Luise Gothein）

（四）阿内园（Anet）

该园于16世纪中叶在亨利二世指挥下由知名建筑师菲力伯特·德洛尔姆（Philibert de l'Orme）设计。是使用中世纪的堡垒基础，整体布局借鉴了意大利的做法，将建筑与花园合并在一起，统一考虑，以中轴线贯穿全园，建筑与花园联系紧密。外有宽的运河环境，所提供的墙、堡垒、角上的塔仅是有生气的装饰。

总体布局严整、对称、平衡。入口与前院，处理得有变化，并十分精美。通过吊桥进入一个使人愉快的柱廊院落，入口建筑顶部为牡鹿和狗的雕塑，两边是灌木丛，在此院落的两个边侧院中心各放有一个喷泉，其中之一有狄安娜（Diana）像。经过前院中心建筑进入花园，花园略低，三面是长廊，中间是规则的花坛，并对称布置了两个喷泉。最后面的中心部位，将运河建成半圆形水池，水池前有一建筑，可能作为沐浴使用。

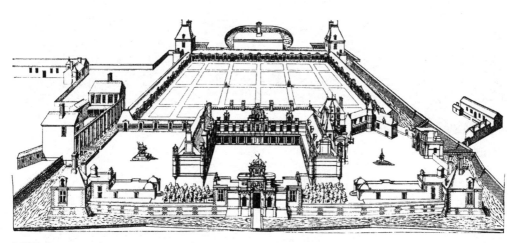

鸟瞰画（Marie Luise Gothein）

（五）默东园（Meudon）

该园建于16世纪上半叶法兰西斯一世时期，雄伟壮丽，中轴线明显，台地层次丰富，建筑与花园紧密结合，背后树林浓郁。此园体现了意大利台地园的基本特点。其台地间作出的洞穴和花坛特别精美，由此而格外有名。洞穴在法国发展较晚，早期的例子有枫丹白露园等。该园是菲力伯特·德洛尔姆（Philibert de l'Orme）委托让·德吉兹（Jean de Guise）完成的。

鸟瞰画（Marie Luise Gothein）

（六）卢森堡园（Luxembourg Garden）

　　该园位于巴黎塞纳河南岸，是由建筑师萨洛蒙·德·布罗斯（Salomon de Brosse）设计的。他按照王后玛丽亚·德·美第奇（Maria de Medici）的愿望，仿造她家乡意大利佛罗伦萨皮蒂（Pitti）宫和博博利（Bobole）花园样式建的。此园是王后在她丈夫亨利四世国王去世后作为她的居住地而修建的。

　　主体建筑犹如皮蒂宫的布局，中轴线十分明显，其前布置一大圆形水池和喷泉，围以规则对称的花坛，处于低处，中心花园的外围是高出的台地，种以茂密的树木，有如博博利花园的露天剧场外形。建筑前东侧面有一河渠，两旁布置瓶饰和树丛，顶端有一美第奇喷泉和神龛内雕塑，环境格外清幽；建筑前西边有大片长条形绿地，建成规则形块状，形成一横向轴线与建筑前纵向轴线连接，这样的总体布局确与皮蒂宫、博博利花园相似。

　　此园发展至今，主体部分基本保持原样，其前与西部已有变动，笔者于1995年12月第二次参观时，才感觉到它有意大利博博利花园的影子。

从正前方望卢森堡宫

宫前左边（东面）河渠

宫前下沉式园右边（西面）绿地

宫前下沉式园（从侧面高台上观看）

宫前西南面绿地

宫前大水池

宫前下沉式大花坛画（Marie Luise Gothein）

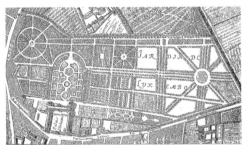

平面（Marie Luise Gothein 1652年时期）

现位置

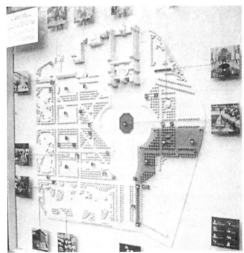

模型

三、西班牙

15世纪末，西班牙完成了国家的统一。16世纪初，查理一世（1516～1556年为西班牙国王）于1519年当选并兼任为罗马帝国皇帝，又称查理五世。他在意大利战争中打败法国，16世纪20～30年代侵占美洲、北非一些地方，成为殖民大帝国。腓力普二世（1556～1598年）于1588年派舰队远征英国，在英吉利海峡战败，从此海上霸权让位给英国，国家逐渐衰落。由此可以看出，西班牙与意大利的关系最为密切，与法英也有一定的联系。所以在园林建设上受到意、法、英的影响。在这里举两个这一时期的园林实例。

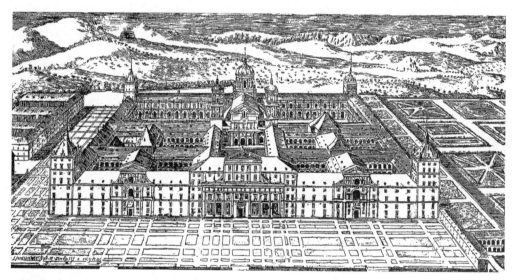

鸟瞰画（Marie Luise Gothein）

教堂之南庭园（Marie Luise Gothein）

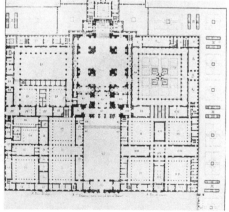

平面

（一）埃斯科里亚尔（Escorial）宫庭园

该宫建于1563 ~ 1584年，位于马德里西北48km处，从西门正中进入，院南是修道院，院北是神学院和大学，往北正中是教堂，教堂地下室为陵墓，教堂东部突出部分是皇帝的居住之处。教堂的穹顶和四角的尖塔组成了有气势的外貌，由于它的庄严雄伟，轰动了欧洲宫廷，后路易十四建造凡尔赛宫时，明确了一定要超过它。此宫的园林有三处值得介绍。

1. 教堂之南的庭园。它是西班牙帕提欧（Patio）庭园，四周建筑为供宗教使用的大厅，庭园中心为八角形圣灵亭，其四角有四个雕像及四个方形水池，它代表新约四个传播福音的教士，水池外围是花坛。此园吸取了传统的许多做法，并具有自己的特点。

2. 东面台地小花园。在皇帝居住的突出部分外围，按高低建成台地绿化，主要铺成规则形的由黄杨绿篱组成图案的绿色地块，有如立体的绿色地毯，十分严整。

3. 南面花木小景。在宫殿南侧，布置有水池，建筑前种植有成片的花木绿地，建筑与绿化倒映池中，显得非常简洁活泼。

南面花木水景

东面台地小花园

台地花坛

（二）塞维利亚的阿卡萨园（The Alcazar in Seville）

公元1353~1364年皇宫建于此，16世纪查理五世发展了此园。该园总体布局结构是规则直线道路网，有纵横轴线，在交叉点处布置有喷泉、雕塑，还布置有水池、花架、棕榈树和整形花木。在西部布置了一个迷园。这种规则式台地园以及建筑的装饰受到了意大利文艺复兴建筑园林文化的影响。

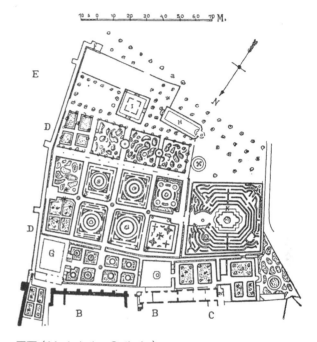

平面（Marie Luise Gothein）

台地园（Marie Luise Gothein）

四、英国

受意大利文艺复兴建筑园林文化影响，约在15世纪末16世纪初，即从英国进入都铎王朝时期（1485～1603年）开始，16世纪上半叶为亨利八世时代，16世纪下半叶为伊丽莎白时代，这一时期逐步在改变了原来为防御需要采用封闭式园林的做法，吸取了意大利、法国的园林样式，但结合英国情况，增加了花卉的内容。

（一）汉普顿（Hampton）秘园、池园

汉普顿宫位于伦敦北面泰晤士河旁，其宫内庭园非常著名，16世纪建有秘园（Privy garden）和池园（pond Garden），园为规则型，分成几块花坛，中心布置水池喷泉，池园在轴线上还立有雕像，整体简洁规整。后有较大发展，根据不同时期再作补充介绍。

老的池园（Marie Luise Gothein）

（二）波伊斯城堡（Powis Castle）园

该园建在利物浦（Liverpool）与卡迪夫（Cardiff）之间的一片坡地上，于17世纪建成。建筑在最高台地上，建筑前露台窄长，沿建筑中心的中轴线布置层层台地。第二层台地亦比较窄长，由花坛、雕像和整形的树木组成。最底层的台地十分开阔，在中轴线两侧对称布置规则形水池，池中心立有雕像，在侧面还安排有菜园，并种有果树，建筑后面与两侧栽植有大片树林，从低层台地水池旁仰望建筑，层层花木，景色丰富深远。若从建筑前眺望，可俯视全园和远处山峦，景色更为壮丽。这是一个完全吸取了意大利文艺复兴时期台地园特点的典型实例，这种实例在英国是少有的。

全景雕刻画（Arthur Hellyer）

上部台地（Arthur Hellyer）

五、波斯

16世纪，波斯进入最后兴盛时代萨非王朝，其国王阿拔斯一世（1587~1629年）移居伊斯法罕（lsphahan）城，重点改建了这个城市，建设了园林中心区，它代表了波斯伊斯兰造园的特征。

古代波斯即1979年成立的伊朗伊斯兰共和国，公元前6世纪称为波斯，我国汉代称其为安息。伊斯法罕城在伊朗西部中心地带，首都德黑兰的南部，为伊朗第二大城市。

四庭园大道版画（Marie Luise Gothein）

伊斯法罕（lsphahan）园林宫殿中心区

此中心区的园林具有波斯和伊斯兰造园的融合特点，有水和规则整齐花坛组成的庭园以及林荫道，建筑装饰为拱券、植物花纹、几何图案，水伸入建筑中等。这些融合特点反映在中心大道、四庭园和四十柱宫及其花园中。具体特点是：

1. 整体布局是规则式。东面设一长方形广场，为386m×140m，周围环绕两层柱廊，底层是仓库，为市场使用，上层有座席，可观看广场上的节日活动和比赛。其西面设一笔直的四庭园大道。在广场与大道之间，布置规划式的宫殿建筑等。

2. 四庭园大道。此大道称为"Tshehan Bagh"，联系着四个庭园，又称"四庭园大道"，总长超过3km，为一林荫大道，中间布置一运河和不同形状的水池，河旁池旁铺石，形成一个宽台。

3. 规则式庭园。庭园有伊斯兰教托钵僧园、葡萄园、桑树园和夜莺园等。庭园布局各有不同，但都为规则的花坛组成，中轴线突出，对称布局，没有人和动物形体的雕像与装饰。

4. 四十柱宫庭园。宫位于中心位置，水从建筑流出贯流全园，周围是对称的规则式花坛，其间还穿插一条林荫路。

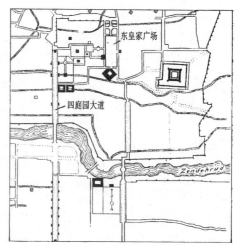

总平面（Marie Luise Gothein）

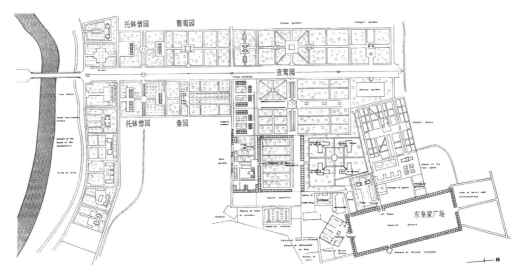

总平面（Gordom Patterson）

六、莫卧尔帝国

巴布尔在印度建立了莫卧尔帝国（1526 ~ 1857 年），他是蒙古帖木儿的直系后裔，母系出自成吉思汗。至沙阿贾汉时期（1627 ~ 1658 年）是其"黄金时代"，著名的泰姬陵就是在这一时期建造的，它集中反映着印度伊斯兰造园的特点，下面介绍两个具有这一特点的实例。

泰姬陵墓前规则块状绿地（刘开济先生摄）

（一）泰姬陵（The Taj Mahal，Agra）

该陵园修建在印度北方邦西南部的亚格拉市郊，是国王沙加汗（Shah Jahan）为爱妃穆姆塔兹·玛哈尔（Mumtaz Mahal）建造的陵园，1632年开始营造，1654年建成，历时22年。早在1560年阿克巴统一了印度，将印度教与伊斯兰教整合，后反映在建筑与造园上，同样是两者的结合。其具体特点是：

1. 十字形水渠四分园。全园占地17hm^2，陵园的中心部分是大十字形水渠，将园分为四块，每块又有由小十字划分的小四分园，每个小分园仍有十字划出四小块绿地，前后左右均衡对称，布局简洁严整，中心筑造一高出地面的大水池喷泉，十分醒目。

2. 建筑屹立在退后的高台上，重点突出。白色大理石陵墓建筑形象为70多m的圆形穹顶，四角配以尖塔，建在花园后面10m的台地上，强调了纵向轴线，这种建筑退后的新手法，更加突出了陵墓建筑，和保持陵园部分的完整性。建筑与园林结合，穹顶倒映水池中，画面格外动人。

3. 做工精美，整体协调。陵墓寝宫高大的拱门镶嵌着可兰经文，宫内门扉窗棂雕刻精美，墙上有珠宝镶成的花卉，光彩闪烁。陵墓东西两侧的翼殿是用红砂石点缀白色大理石筑成，陵园四周为红砂石墙，整体建筑群配以园林十分协调（本项目照片，特邀刘开济先生摄影）。

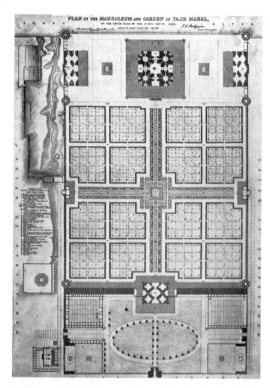

平面

中心大水池（刘开济先生摄）

中轴线条形水渠（刘开济先生摄）

陵墓主体建筑（刘开济先生摄）

侧面翼殿（刘开济先生摄）

主体建筑入口（刘开济先生摄）

（二）夏利玛园（The Shalamar Bagh）

该园修建在现在的巴基斯坦拉合尔市东北郊，1643年开始建造，是国王沙加汗的庭园，他以其父贾汉吉在克什米尔的别墅园夏利玛取名，并仿其布局样式。此时期的拉合尔城市规模比当时的伦敦、巴黎还大，十分繁荣。该园的特点是：

二层平台大水池

南面最高层平台中轴线上水渠

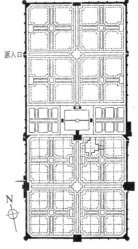

平面（Gordon Patterson）

1. 突出纵向轴线。该园是长方形，南北向长，东西向短，地势北低南高，顺南北向建成三层台地，由南北纵向长轴线将三块台地贯穿在一起，形成对称规则式的整体格局。

2. 中心为全园的高潮景观。中心在第二层台地的中间，布置一巨大的水池，水池中立一平台，有路同池旁东西两亭相通，池北面设凉亭，水穿凉亭流下至第三层台地的水渠中，池南面设一大凉亭，其底部设一御座平台，昔日国王、今日游人可在此观赏此大水池中144个喷泉的美丽景色，在大水池旁环视四周，高低错落的园景尽在眼前，形成了景观的高潮。

3. 十字形划成四分园。第一层高台地和第三层低台地都采用十字形，划分成四分园，在每块分园中，又以十字形分成四片，这一高一低的台地园十分规整统一。其南北方向的轴线部分由宽6m多的水渠构成，同克什米尔的夏利玛园相类似。

中轴线上第二层平台大水池（前为御座平台）

现园门设在南面，建园时大门设在西北面，便于城市来往联系，从低层台地入园。国王浴室在中央水池的东边围墙处，环境优美。

从池北凉亭望池南大凉亭

从池北凉亭望北面最低层平台

七、中国

　　这一阶段，中国为明代时期，自然山水园又进一步发展，诗情画意的整体性更强，园林的内容更为丰富。在封建经济、文化发达的江南地区，私家园林受到文人及画家的影响，看重诗情画意、意境创造的自然神韵与情趣，使造园艺术水平达到了新高峰的境地。这里举三个实例，一个为苏州拙政园，它体现了苏州园林的特点，另一为无锡寄畅园，它反映了江南园林的自然典雅，第三个实例是北京的天坛，用它说明中国坛庙建筑园林的特色。

（一）苏州拙政园

　　该园位于江苏苏州市北面，建于明正德年间（1506 ～ 1521年），是苏州四大名园之一。明代吴门四画家之一的文徵明参与了造园，他作"拙政园图卅一景"，并为该园作记、题字、植藤。由于文人、画家的参与，将大自然的山水景观提炼到诗画的高度，并转化为园林空间艺术，使此园更富有诗情画意的特点，成为中国古典园林、苏州园林的一个优秀的典型实例。这里着重分析此园的园林空间艺术的特点：

鸟瞰画（杨鸿勋先生绘）

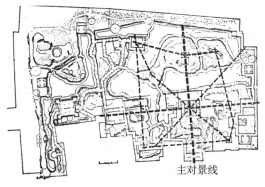

对景线构图分析

主对景线

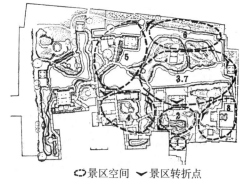

空间序列结构和景区转折点分析

景区空间　景区转折点

1. 对景线构图，主题突出，宾主分明。全园布局为自然式，但仍采用构图的对景线手法，主要厅堂亭阁、风景眺望点、自然山水位于主要对景线上，次要建筑位于次要对景线上，详见分析图。此构图手法，可使园林主题突出，宾主分明，苏州许多名园根据各自的地形条件与使用要求，运用这一手法，做到了主题突出。对景线上的建筑方位可略偏一些，如拙政园主景中心雪香云蔚亭就顺对景线偏西，从远香堂望去，具有立体效果。采用对景线手法，不是机械地画几何图形，而是按照各地的自然条件、功能与艺术要求，灵活地运用这一原则。

2. 因地制宜，顺应自然。这是中国造园的又一特点。拙政园是利用原有水洼地建造的，按地貌取宽阔的水面，临水修建主要建筑，并注意水面与山石花木相互掩映，构成富有江南水乡风貌的自然山水景色。从文徵明所作拙政园图中可看到以平远山水为中心具有明代风格的当时面貌。至清代，增加了建筑，减弱了原有的自然风貌。这种因地制宜的做法，不仅体现出大自然的美，还可大大减少造园费用，提高造园效果。建筑的形状、屋顶的形式都是根据地形和设景需要选择的，不拘定式；建筑的色彩取冷色，素净淡雅，顺应自然；还重视保留古树，如白皮松、枫杨等，都是"活的文物"。

3. 空间序列组合，犹如诗文结构。园林空间序列组合，要做到敞闭起伏，变化有序，层次清晰。其划分组合安排类似诗文结构的组织，有引言，有描述，有高潮，有转折变化，有结尾；同时，也有类似诗词平仄音的韵律。拙政园中园的空间序列结构就是这样安排的，详见分析图中划分的8个空间序列结构。其空间序列可简化为：封闭、山石景、小空间——半开敞、山水景、小空间——开敞、山水主景、大空间——半开敞、水景、小空间——开敞、山水景、大空间——封闭、水乡风貌、小空间——开敞、建筑与山水主景、大空间——封闭、花木景、小空间。空间大小序列是：小、小、大、小、大、小、大、小；空间敞闭是：闭、半敞、敞、半敞、敞、闭、敞、闭。这些序列结构同诗词的平仄音的序列平、仄、平、平、仄、仄、平或仄、平、平、仄、平、平、仄等，是相仿的。这种空间序列安排，通过对比，以取得主题明显突出、整体和谐统一的效果，构成了富有诗词韵律的连续流动空间，达到了更高的水平。这是中国自然风景园林成熟的又一特点。

4. 景区转折处，景色动人，层次丰富。景区转折处是景区变换的地点，是欣赏景观的停留点，也常常成为游人留影的拍摄点。如图所示，从拙政园1区进入2区处为该园第一个景区转折点，所看到的景观是，以曲桥、山石水池为前景，远香堂坐落在中心，透过远香堂四围玻璃窗扇及其东西两边的豁口，可半隐半现地看到开敞的山池林木远景，景色十分深远，它吸引着游人过桥步入远香堂。远香堂里是第二个景区转折点，景观是以远香堂门框为前景画框，平台、石栏为近景，中心是以池、山、雪香云蔚亭为透视焦点的自然山水景色。接下来在各景区转折处都可观赏到层次丰富的前、中、远景，使这一处的景观有极大吸引力，引人走近观赏。这一做法是中国园林的特色，拙政园的处理尤为精美。

5. 空间联系，连贯完整，相互呼应。园林空间的序列是靠游览路线连贯起各个空间的。拙政园的游览路线是由园路、廊、桥等组成。此外，还通过视线进行空间联系，如远香堂南面与小飞虹水院空间、松风亭空间与香洲南面空间的联系，都是通过视线的呼应联系起来；又如远香堂南面、北面空间与枇杷园空间，通过绣绮亭这个眺望点呼应联系，还有见山楼、宜两亭等眺望点都可通过视线将四周空间景色加以联系。

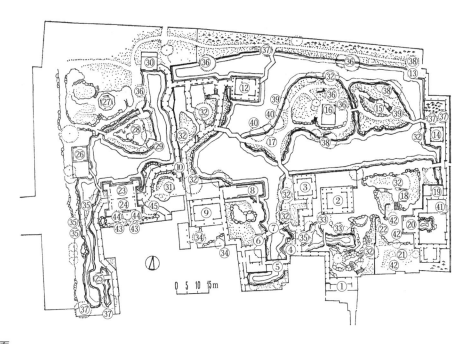

平面

①腰门　②远香堂　③南轩　④松风亭　⑤小沧浪　⑥得真亭　⑦小飞虹　⑧香洲　⑨玉兰堂　⑩别有洞天　⑪柳荫路曲　⑫见山楼　⑬绿绮亭　⑭梧竹幽居　⑮北山亭　⑯雪香云蔚亭　⑰荷风四面亭　⑱绣绮亭　⑲海棠春坞　⑳玲珑馆　㉑春秋佳日亭　㉒枇杷园　㉓三十六鸳鸯馆　㉔十八曼陀萝花馆　㉕塔影亭　㉖留听阁　㉗浮翠阁　㉘笠亭　㉙与谁同坐轩　㉚倒影楼　㉛宜两亭　㉜枫杨　㉝广玉兰　㉞白玉兰　㉟黑松　㊱榉树　㊲梧桐　㊳皂荚　㊴乌桕　㊵垂柳　㊶海棠　㊷枇杷　㊸山茶　㊹白皮松　㊺胡桃

远香堂、梧竹幽居

入口前导小空间

清晨从雪香云蔚亭望远香堂（主对景线）

小飞虹景区

从玉兰堂前望见山楼景区

从别有洞天东望南轩

枇杷园

从别有洞天西望与谁同坐轩

从倒影楼南望波形廊

从留听阁南望塔影亭

（二）无锡寄畅园

该园位于江苏无锡西郊惠山脚下，始建于明正德年间（1506～1521年），属官僚秦姓私园。园规模不大，为1hm²，其造园特点有：

从南向北望环锦汇漪水景

1. 小中见大，借景锡山。此园选址在惠山、锡山之间，似惠山的延续，并可将锡山及其山顶宝塔景色借至园中，加大了景观的深度，无形地扩大了园景空间，小中见大，这是该园的一个特色。

2. 顺应地形，造山凿池。此园地形，西面高，东面低，南北向长，东西向短。依此地势，顺西部高处南北向造山，就东部低处南北向凿池，造出与园南北向相平行的水池与假山。

3. 山水自然，主景开阔。假山位于惠山之麓，仿惠山峰起伏之势，选少量黄石多用土造山，有如惠山余脉，使假山与天然之山融为一体。假山与水池相映，山水景色，自然舒展，在知鱼槛中可观赏到开阔的山水主景。水池北面布置有七星桥，中部西面有鹤步滩，增加了水景的层次，丰富了主景景观。

4. 山中涧泉，水景多彩。在假山西北部的山中，引水进园，创造出八音洞的曲涧、清潭、飞瀑、流泉，丰富了后山的山水景色。此园的自然景色，吸引了前来的清乾隆皇帝，在建造北京清漪园时，他点名仿造此园于清漪园的东北一隅，名为"惠山园"。

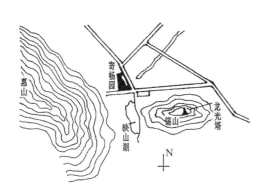

位置

鸟瞰画（鸿雪因缘图记1847年）

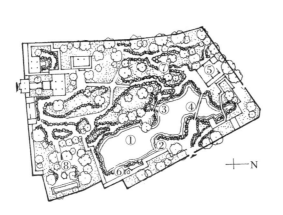

平面
①锦汇漪　②知鱼槛　③鹤步滩　④七星桥　⑤环彩楼
⑥郁盘　⑦八音洞　⑧六角石亭

知鱼槛

从北向南望水景（可借景锡山塔）

从鹤步滩望七星桥

从知鱼槛旁望西面山水景色

郁盘

八音涧

（三）北京天坛

天坛位于北京永定门内大街东侧，始建于1420年明永乐迁都北京之时，是明清两代帝王祭天祈谷祈雨的坛庙，占地280多hm²。其园林特点是：

1. 柏林密布，烘托主题。全园广种柏林，造出祭天的环境气氛，特别是在主要建筑群轴线的外围，即祈年殿、丹陛桥、圜丘的四周密植柏树林木，设计人将殿、桥、丘的地面抬高，人在其上看到的外围是柏树顶部，创造出人与天对话的氛围，以达到祭天的效果。这与古代埃及、波斯、希腊等地神庙园林的做法是相同的，也是中国3000年来祭坛做法的延续。

2. 园林模式，规则整齐。园林随建筑布局，建筑群严整规则，轴线突出，道路骨架规整，这与自然风景式布局全然不同，中国的寺观坛庙的园林配置都属于这类规则式布局。

3. 象征格局，天圆地方。平面的总体格局以及建筑群平面、造型都采取象征的手法，体现"天圆地方"的理念。总平面北面南向的两道坛墙都建成圆形，象征天，总平面南面北向的两道坛墙建成方形，象征地。祈年殿、皇穹宇、圜丘都建成圆形，祈年殿、圜丘的四周围墙建成方形，亦与天地呼应。

当时封建宗法礼制思想是，"天"对人间是至高无上的主宰，所以祭天是神圣的。

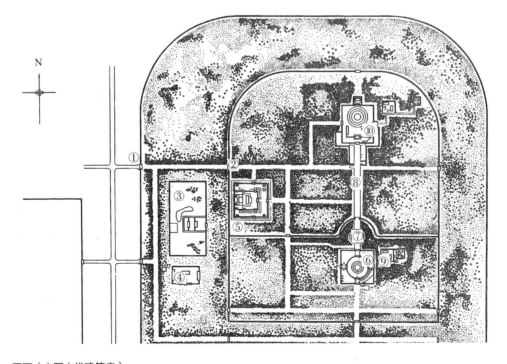

平面（中国古代建筑史）
①坛西门 ②西天门 ③神乐署 ④牺牲所 ⑤斋宫 ⑥圜丘 ⑦皇穹宇 ⑧丹陛桥 ⑨神厨、神库 ⑩祈年殿

祈年殿

圜丘至丹陛桥、祈年殿轴线景观（新华社稿）

八、日本

　　这一阶段是日本室町时代（1334 ~ 1573年）、桃山时代（1583 ~ 1603年）和江户时代（1603 ~ 1868年）初期，这一时期是日本造园艺术的兴盛时代，初期的回游式池泉庭园得到进一步的发展，还发展了独立的石庭枯山水，桃山时代发展了茶庭，体现着茶道精神。这里选择知名的金阁寺、银阁寺姐妹庭园实例，它们反映着发展了的回游式池泉庭园的特点；还有著名的龙安寺石庭、大德寺大仙院实例，它们代表着已发展成熟的枯山水艺术。茶庭内容放到下一阶段一并说明。

（一）金阁寺（Kinkakuji Temple）庭园

　　该园位于京都市北部，始建于1397年，为幕府将军足利义满的别墅，后改为寺院。占地9hm²，庭园居半。此园的特点有：

金阁展立湖岸旁

1. 舟游回游混合型。此园水面较大，可以泛舟游赏，同时在湖面的四周布置了游览散步的小路，亦可以环湖回游庭园的景色，它是一个舟游式与回游式泉池庭园兼有的典型。

2. 寺阁展立湖岸旁。以往庭园的主要建筑多建于湖池之后，此园则将全园的中心建筑布置在湖岸旁，部分伸展在湖池之中，立阁中可俯览全园开阔景色，从湖对岸可观赏到金阁倒影的辉煌景色。

3. 建筑镀金金光闪。此阁三层，在建筑外部镀金箔，故名金阁。其第一层为法水院；第二层为潮音洞，供奉观音；第三层为究竟顶，系正方形禅堂，供三尊弥陀佛。该阁1950年被火焚毁，1955年复建，其造型轻巧舒展，做工精细，金光闪烁，被列为日本的古迹、名胜。

4. 意境造景层次增。湖面池中布置有岛，一方面寓意神岛，另一方面可丰富景色的层次。后在园的北侧建有夕佳亭，是明治时代重建的茶室，一面饮茶，一面可欣赏夕阳西下时的景观，增加了园景的层次。

鸟瞰画（Takehara Nobushige，1780年）

金阁

阁后回游路

夕佳亭

（二）银阁寺（Ginkakuji Temple）庭园

该园位于京都东部，是幕府将军足利义政（1436～1490年）按金阁的造型，在东山修建的山庄，占地1hm²多，设计人为著名造园艺术家宗阿弥。此园特点是：

1. 舟游回游仿金阁。该园总布局同样是舟游式和回游式的混合型，建筑位于池岸，建筑的造型模仿金阁，为佛寺建筑与民间建筑形式的结合型。原计划建筑外部涂银箔，后因主人去世，改涂漆料，故俗称银阁。后改为寺，又称银阁

银阁前

寺。此银阁两层，一层为心空殿，系仿西芳寺舍利殿，二层为潮音阁，为佛殿供观音。

2. 小中见大巧安排。园虽小，但精巧安排空间变化，池岸曲折，创造悬崖石景等，给人以扩大的空间感。

3. 模仿名胜造景观。园内向月台和银沙滩，与中国西湖风景相仿，为赏月之地。这些造景丰富了该园景色，又增大了空间感。

银阁侧面

平面（Irmtraud Schaarschmidt-Richter）

（三）大德寺（Daitokuji Temple）大仙院

该园位于京都北部，亦靠近金阁寺，建于15世纪，它是另一种形式的枯山水庭，特点是：

1. 小空间内大自然。该园面积极小，仅有100m²的空间，没有水没有草木，却表现出内容丰富的大自然景观，真是一个放大盆景的抽象艺术作品。

2. 象征山水白砂石。在这狭小曲尺形空间内，同样采用石与白砂组成缩微的大自然景观，表现了大自然的山岳、河流与瀑布等。

3. 想象山瀑溪谷桥。此院枯山水庭的最远处有如万丈飞瀑在倾泻，水急直下流入溪谷，悬崖峭壁矗立在两侧，在谷之中架有桥，河流中有船只往来，构成一幅想象的立体的宏伟的大自然山水景观画面。

这一实例说明象征性的枯山水庭艺术已达到十分完美的水平。

大仙院（David H.Engel）

（四）龙安寺（Ryoanji Temple）石庭

该庭位于京都西北部，邻近金阁寺，建于15世纪，此石庭是在一禅室方丈前的面积为330m²的矩形封闭庭院。其特点是：

1. 自然朴素抽象美。这是受禅学思想影响，追求与世隔绝的大自然理念环境，创造出静看的抽象的大自然幽美景观。1992年3月笔者站在此禅室外平台上静观此石庭，确实感到它是一个模拟大自然宏伟景观的一组抽象雕塑。

2. 象征大海覆白砂。石庭的全部地面铺以白砂，并将白砂耙成水纹条形，以象征大海。

3. 象征岛群布精石。在砂地面上，布置了15块精选之石，依次5、2、3、2、3成五组摆放，象征五个岛群，并按照三角形的构图原则布置，达到均衡完美的效果。

4. 大海群岛联想像。这组抽象雕塑的石庭，给人以宇宙的联想，使人联想到大海群岛的大自然景观，心情格外超脱平静，这就是禅学所追求的境界精神。

石庭

石庭（从相反方向观景）

从建筑平台俯视石庭

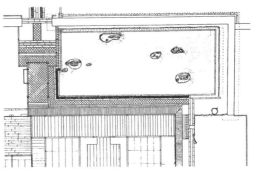

平面（Irmtraud Schaarachmidt-Richter）

第四章 欧洲勒诺特时期

（约公元 1650 ~ 1750 年）

社会背景与概况

　　法国路易十四时期在巴黎近郊修建了举世闻名的凡尔赛（Versailles）宫及其园林，这组建筑与园林满足了体现至高无上绝对君权思想的需要，因而此园的做法影响了整个欧洲，各国君主纷纷效仿，远至俄国、瑞典，近有德国、奥地利、英国、西班牙、意大利等地都建造了这种类型的宫殿园林，它在欧洲整整流行了一个世纪左右。

　　凡尔赛宫园林设计人是法国的造园家勒诺特（Le Nôtre，1613 ~ 1700年），他生于造园世家，创造了大轴线、大运河具有雄伟壮丽、富丽堂皇气势的造园样式，后人称其为"勒诺特式"园林。这一造园样式并非起源于凡尔赛宫园林，而是他设计建造的巴黎近郊的沃克斯·勒维孔特（Vaux Le Vicomte）园。后来，他又改造了卢浮宫前杜伊勒里（Tuileries）园，对于19世纪形成巴黎城市中心轴线起了重要的作用。"勒诺特式"园林虽然仅风行了一个世纪左右，但后来的影响还是存在的。我认为在今后仍然有参考价值，主要要看所造园林是否为大众使用。

　　在这一时期内，所选法国实例有沃克斯·勒维孔特园，它是路易十三、十四财政大臣富凯的别墅园，富凯建此园是要显示自己的权威，设计人勒诺特满足了这一要求，此园所体现出至高无上绝对君主权威的思想和手法被路易十四看中，因而此园就成为凡尔赛宫建造的蓝本；重点实例是凡尔赛宫苑，它充分反映出"勒诺特式园林"的特征，有一条强烈的中轴线贯穿全园，主体建筑皇宫位于中轴线的开端，它控制着全园，在此中轴线上及其两侧布置规模宏大的水池、水渠、叠瀑、花坛、喷泉与雕像和不同样式的园中园，在中轴线的尽端为十字形大运河，园的四周以丛林环绕，整体气势威严壮美；还有由勒诺特改建扩建的杜伊勒里花园和在凡尔赛宫北面建造的"勒诺特式"的马利宫苑实例。

　　受勒诺特模式影响的各国皇家园林实例，有最远的俄国彼得霍夫园，德国的在汉诺威近郊由法国人设计的黑伦豪森宫苑、在慕尼黑近郊由法国造园师扩建的尼芬堡宫苑和位于柏林附近波茨坦的无忧宫苑，奥地利的位于维也纳西南部的雄布伦宫苑与在维也纳的贝尔韦代雷宫苑，英国伦敦的由勒诺特改建的圣詹姆斯园和位于泰晤士河畔的汉普顿宫苑，西班牙的位于马德里西北面由法国造园师设计的拉格兰加宫苑，瑞典的由法国造园师设计建造的雅各布斯达尔宫苑与在斯德哥尔摩西面梅拉伦湖中岛上修建的德洛特宁霍尔姆宫苑，意大利的那不勒斯附近修建的卡塞尔塔宫苑。

此时期中国正处于清代初期和中叶，系康熙、乾隆皇帝盛世时期，自然式园林建设又有发展，主要体现在离宫别苑的建造方面，这里首例选承德避暑山庄，规模大，占地5.6km²，为朝廷夏季避暑使用，并有政治怀柔的作用，前宫后苑，前朝后寝，湖光山影，风光独特，将江南园林融于北方园林之中，共造有72景；第二个实例是北京圆明园，规模依然大，占地约3.5km²，西宫东苑，皇帝于春、秋两季执政和生活在此处，系人造园，挖池堆山，以水景为主，山水相依，将江南美景，移此再现，皇帝题署命名的有40景；第三个实例是北京清漪园（现名颐和园），占地2.9km²，前宫后苑，东面宫殿，东北面居住，依山扩大池面，此池名昆明湖，起疏通北京水系的作用，整体布局模仿杭州西湖，"一池三山"，借景西山，建筑呼应，园中有园，造景百余处。这三个实例代表着中国自然山水皇家宫廷园林的最高水平。

这一阶段，日本为江户时代，造园艺术处于繁荣时期，回游式池泉庭园已经成熟，又发展了茶庭，创造出回游茶庭混合式，这里以京都桂离宫为例说明这一新特点。

一、法国

（一）沃克斯·勒维孔特（Vaux Le Vicomte）园

该园是路易十三、十四财政大臣富凯（Fouquet）的别墅园，位于巴黎市郊，由著名造园家勒诺特设计。始建于1656年，南北长1200m，东西宽600m。由于富凯当时专权，建此园要显示自己的权威，设计人满足了这一要求，创造出将自然变化和规矩严整相结合的设计手法。这个设计指导思想和具体设计手法，为后来凡尔赛宫园林设计奠定了基础。他采用了严格的中轴线规划，有意识地将这条中轴线做得简洁突出，不分散视线，花园中的花坛、水池、装饰喷泉十分简洁，并有横向运河相衬，因而使这条明显的中轴线控制着人心，让人感到主人的威严。设计人达到了富凯的要求，但也使他丧了命。1661年该园建成后，于8月17日第二次请王公贵族前来观园赴宴，路易十四也到园观赏，看后更加感到富凯有篡权的可能，于是借题在三周后的9月5日，将其下狱问罪，判无期徒刑，富凯1680年死于狱中。这个别墅园非常精美，笔者于1982年5月同阎子祥、张开济先生一同到此园参观，其主要特点有：

全园鸟瞰（当地提供）

1．大轴线简洁突出。南北中轴线1200m，穿过水池、运河、山丘上的雕像等一直贯通到底，形成宏伟壮观的气势。

2．保留有城堡(Castle)的痕迹。主要建筑的四周围有河道，这是护城河的做法。虽早已失去防御作用，但在建筑与水面、环境结合方面，取得了较好的效果。

留有城堡痕迹的主体建筑（当地提供）

3．突出有变化有层次的整体。利用地形的高低变化，在中间的下沉之地，建有洞穴、喷泉和一条窄长的运河，形成形状、空间、色彩的对比。在建筑的平台上可观赏到开阔的有丰富变化的景观；若站在对面山坡上，透过平静的运河可看到富有层次的生动景色。

4．能满足多功能要求。根据园主要求，园内能举办堂皇的盛宴，庄丽的服装展览，以及戏剧演出(曾演出莫里哀剧)、体育活动和施放烟火等。

5．雕塑精美。在前面台地上或水池中，有多种类型的雕塑，在后面山坡上立有大力神(Hercules)，并在中间凹地的壁饰上、洞穴中都有动人的塑像。

6．树林茂密。周围是灌木丛、丛林，它们起到烘托主题花园的作用。

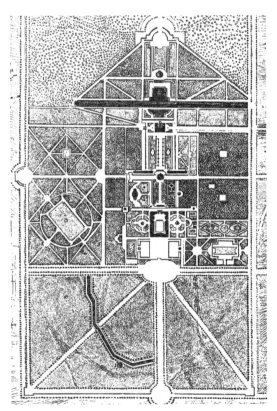

平面（Marie Luise Gothein）

1705年居住在这里的富凯夫人将此房产卖掉，1764年、1875年此房产又经两次转卖。后归索米耶（Sommier）先生，在他1908年去世时，此园基本恢复。在1914年，索米耶先生的儿媳埃德姆-索米耶夫人（Edme-Sommier）将此房屋作为医院，接收前线运回的伤员。1919年，花园部分对公众开放，1968年其建筑内部也允许参观。

从花园望主体建筑（当地提供）

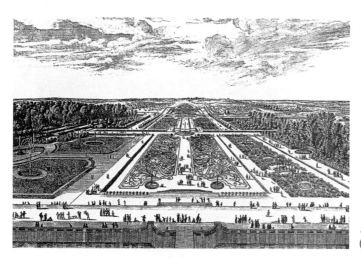

从主体建筑中轴线望园景鸟瞰画
（Marie Luise Gothein）

主体建筑侧面花坛画
（Marie Luise Gothein）

主体建筑前花坛丛林

中心大水池

池下平台右边水池雕塑

运河中心

运河中心后洞穴雕塑与山坡上大力神

运河

从运河中心望主体建筑（当地提供）

花坛中雕像（当地提供）

主体建筑室内装饰陈设

（二）凡尔赛宫苑

凡尔赛宫苑（Versailles）位于巴黎西南18km，从1661年开始筹建算起，至1689年大特里亚农宫苑改建竣工，大约用了30年的时间基本建成；于1682年路易十四政府机构迁到这里；若以礼拜堂1710年建成年限计算，此宫苑的建设花费了半个世纪。这个宫苑规模浩大，占地800多公顷，建筑面积11万m²，中心园林100多公顷，宫殿舒展壮丽，园林独特，在吸取意大利台地园布局的基础上，又发展成大轴线、大运河的造园样式，后人冠以设计人名姓称为"勒诺特式"园林。

该宫苑反映了17～18世纪法国建筑园林艺术与技术的最高文化成就，同时它也代表着欧洲的最高水平。这个宫苑满足了体现至高无上绝对君权思想的需要，因而其模式影响到整个欧洲，各国纷纷效仿，远至俄国、瑞典，近有德国、奥地利、英国、西班牙、意大利等地都陆续建造了这种类型的宫殿园林。它在欧洲整整流行了一个世纪左右。

在建造这个宫苑时，年仅23岁的路易十四开始执政，他在1661年8月17日参加法国财政大臣富凯（Fouquet）在其新建成的沃克斯·勒维孔特（Vaux Le Vicomte）别墅园举办的宴会时，感到此园显示出权威的思想需要，怀疑富凯有篡权的可能，于3周后的9月5日把富凯下狱问罪，另一方面他将该园的园林设计人勒诺特（Le Nòtre）、建筑设计人勒沃（Le Vau）和室内设计人勒布兰（Le Brun）召至宫中，让他们负责规划设计凡尔赛宫苑，同时提出宫殿要超过西班牙马德里的埃斯科里亚尔宫，园林要超过沃克斯·勒维孔特园，要造出世界上未曾见过的花园。经过几十年的建设，确实满足了路易十四的这些要求，创造了这个西方历史上盖世无双的宫苑。同时，法国劳动人民也付出了沉重的代价，每天有几万人在各种不利的环境下工作，不少工人因病死亡。

从历史文化角度来看，北京故宫及其西苑是历史上东方城市中心宫殿与园林的极为优秀的实例，巴黎城郊凡尔赛宫苑是历史上西方欧洲城市宫殿与园林最优秀的实例，这两座城市宫苑是代表着东、西方城市建筑园林历史文化的典范；联合国教科文组织早已将凡尔赛宫苑列为世界文化遗产的重点文物，这是余介绍此宫苑的原因。

1715年路易十四过世后，路易十五、路易十六仍在此宫苑执政，直至1789年法国大革命爆发，革命者将路易十六带离凡尔赛宫苑，此宫苑中的陈设被洗劫一空，只留下废弃的建筑物。19世纪初拿破仑使用特里亚农宫，未在凡尔赛正宫执政。到了1833年"七月王朝"领袖路易·菲利普下令维修凡尔赛宫苑，并于1837年完工，将其作为国家历史博物馆使用。第一次世界大战后，1919年6月28日协约国同战败的德国在镜厅签署《凡尔赛和约》；第二次世界大战后期，1944年9月至1945年5月盟军总部设在凡尔赛宫。

1. 总体布局

凡尔赛镇原是一个小村落，于1624年路易十三在这里修建一个小城堡，作为狩猎时的行宫，建筑为三合院布局，朝东敞开，其后有花坛绿地和水池。建筑师勒沃设计建筑时，保留了原三合院，新建筑的北面是宫廷主要活动的序列厅，南面主要是皇后、王妃的卧室与活动房间，正中的西面凸出25个开间，为国王卧室和镜厅等；在正中东面的背后面对原有三合院和逐步扩大的御院与广场，广场东面有三条放射路通向巴黎市区和另外的宫苑。勒诺特规划设计的园林，突出东西向3km长的纵向大轴线，这条大轴线通过宫殿中心向西延伸，它串联着宫殿、水池高台地园、拉托娜（Latona）水池喷泉与两侧花坛的低一层台地园、长条形草坪绿地皇家大道、阿波罗（Appolo）雕像水池喷泉和1.56km长的十字形大运河，景色深远，严整气派，雄伟壮观，体现出炫耀君主权威的意图。在宫殿西面高台地园，有一条次要的横轴线贯穿其两侧，北面为缓坡下降的"北园"，南侧为具有三层台地的花坛水池"南园"。在皇家大道的南北两侧，于几条次要横轴线间，布置着阿波罗池林园、舞厅洛可式林园、柱廊园、圆顶林园、国王花园、王后林园、方尖碑林园、星形林园、绿色圆广场与儿童岛，以及春、夏、秋、冬池等。在十字形大运河东端水池旁，设有放射路，西北向通向横轴线的横向运河北端的大特里亚农宫、小特里亚农宫，西南向通向横向运河南端的动物园。

这个规模宏大的宫苑，均衡对称的布局，突出了纵向大轴线、大运河，加强了轴线的宏伟气势，并以水贯通全园，以丛林为背景遍布林园与雕像，建筑与花园相结合，创造出"勒诺特式园林"，将新的规则式园林设计推到了新的高峰。于18世纪下半叶，园林设计建设受英国自然风景式和法国哲学界提倡"回归自然"的影响，在一些扩建或改建的局部项目中，如小特亚农王后庄园和阿波罗池林园等，将规则式改为自然风景式，这是随潮流而变化的一种普遍情况。下面分述建筑与园林各个局部的设计与建造情况。

凡尔赛宫苑位置
（Edmund N. Bacon）

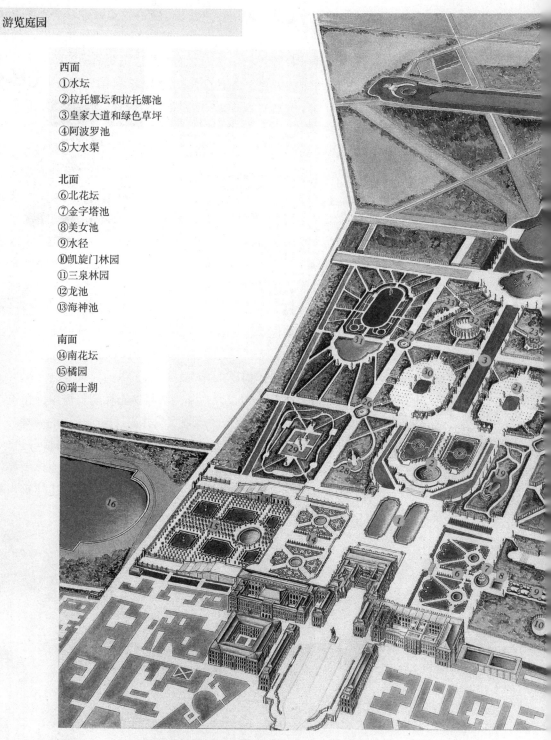

游览庭园

西面
①水坛
②拉托娜坛和拉托娜池
③皇家大道和绿色草坪
④阿波罗池
⑤大水渠

北面
⑥北花坛
⑦金字塔池
⑧美女池
⑨水径
⑩凯旋门林园
⑪三泉林园
⑫龙池
⑬海神池

南面
⑭南花坛
⑮橘园
⑯瑞士湖

凡尔赛宫苑大小林园池名称（蒂埃里·勒布尔东等）

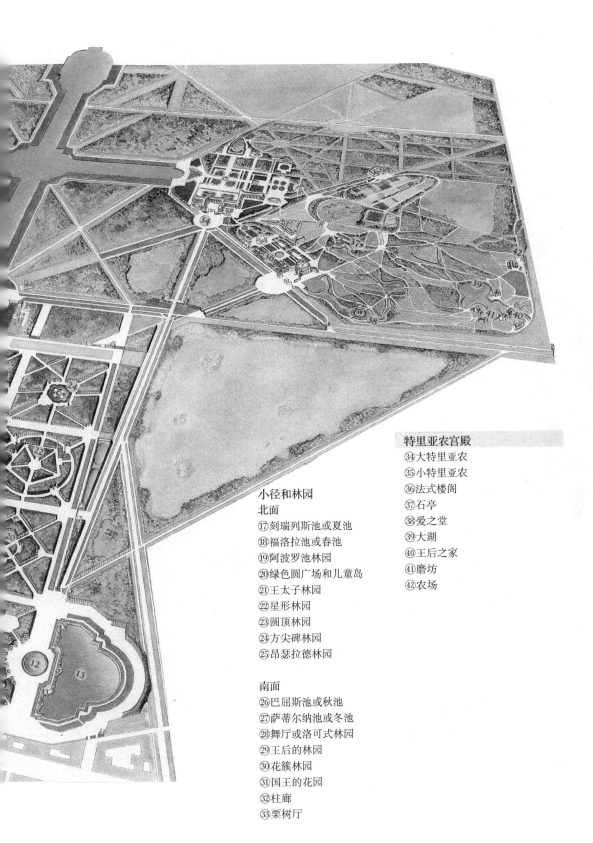

特里亚农宫殿

㉞大特里亚农

㉟小特里亚农

㊱法式楼阁

㊲石亭

㊳爱之堂

㊴大湖

㊵王后之家

㊶磨坊

㊷农场

小径和林园

北面

⑰刻瑞列斯池或夏池

⑱福洛拉池或春池

⑲阿波罗池林园

⑳绿色圆广场和儿童岛

㉑王太子林园

㉒星形林园

㉓圆顶林园

㉔方尖碑林园

㉕昂瑟拉德林园

南面

㉖巴屈斯池或秋池

㉗萨蒂尔纳池或冬池

㉘舞厅或洛可式林园

㉙王后的林园

㉚花簇林园

㉛国王的花园

㉜柱廊

㉝栗树厅

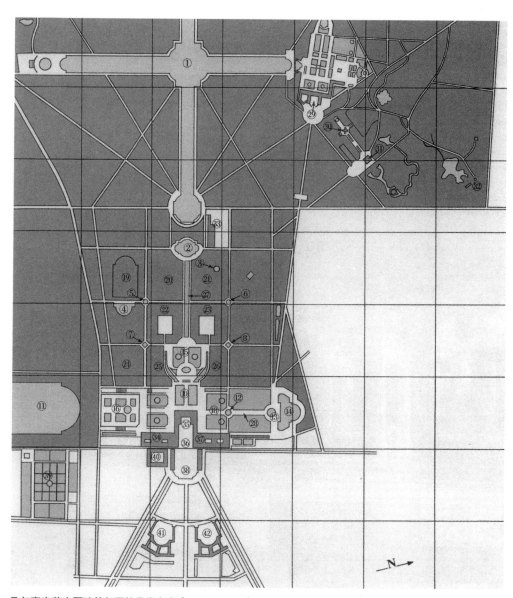

凡尔赛宫苑主要建筑与园林分类名称（Rolf Toman）

池		林园	园林通路	
①大运河	⑪瑞士池	⑲国王林园	㉗皇家大道	㉟大理石院
②阿波罗池	⑫金字塔池和美女	⑳柱廊林园	㉘水径	㊱御院
③昂瑟拉德池	池	㉑圆顶林园	宫廷建筑	㊲北翼建筑
④镜池	⑬龙池	㉒南梅花林园（路易十六时期）	㉙~㉜特里亚农宫	㊳荣誉院和大臣办公处
⑤冬池	⑭海神池	㉓北梅花林园（路易十六时期）	㉙大特里亚农宫	㊴~㊷次要房屋
⑥春池	花坛	㉔王后林园	㉚爱之堂	㊴厨房花园
⑦镜池	⑮拉托娜花坛	㉕洛可式林园	㉛小特里亚农宫	㊵主要后勤房屋
⑧夏池	⑯橘园花坛	㉖阿波罗池林园	㉜小村	㊶小马厩
⑨拉托娜池	⑰南园花坛		㉝威尼斯船夫住所	㊷大马厩
⑩宫殿前双池	⑱北园花坛		㉞南翼建筑	

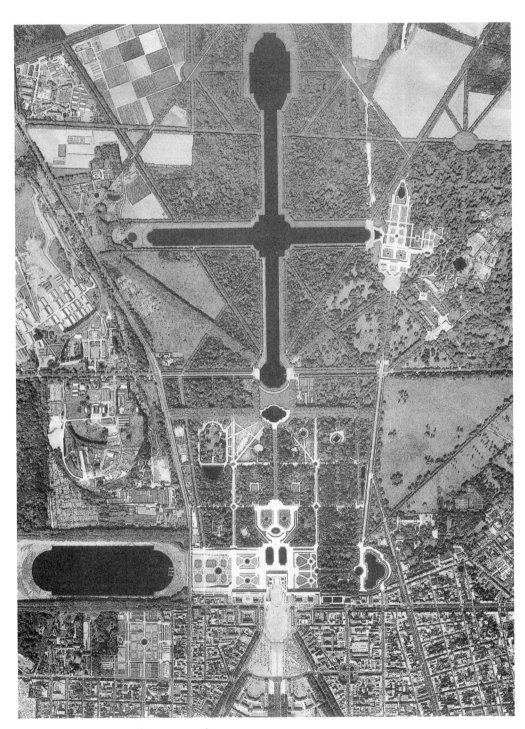

凡尔赛宫苑空中鸟瞰照片（Rolf Toman）

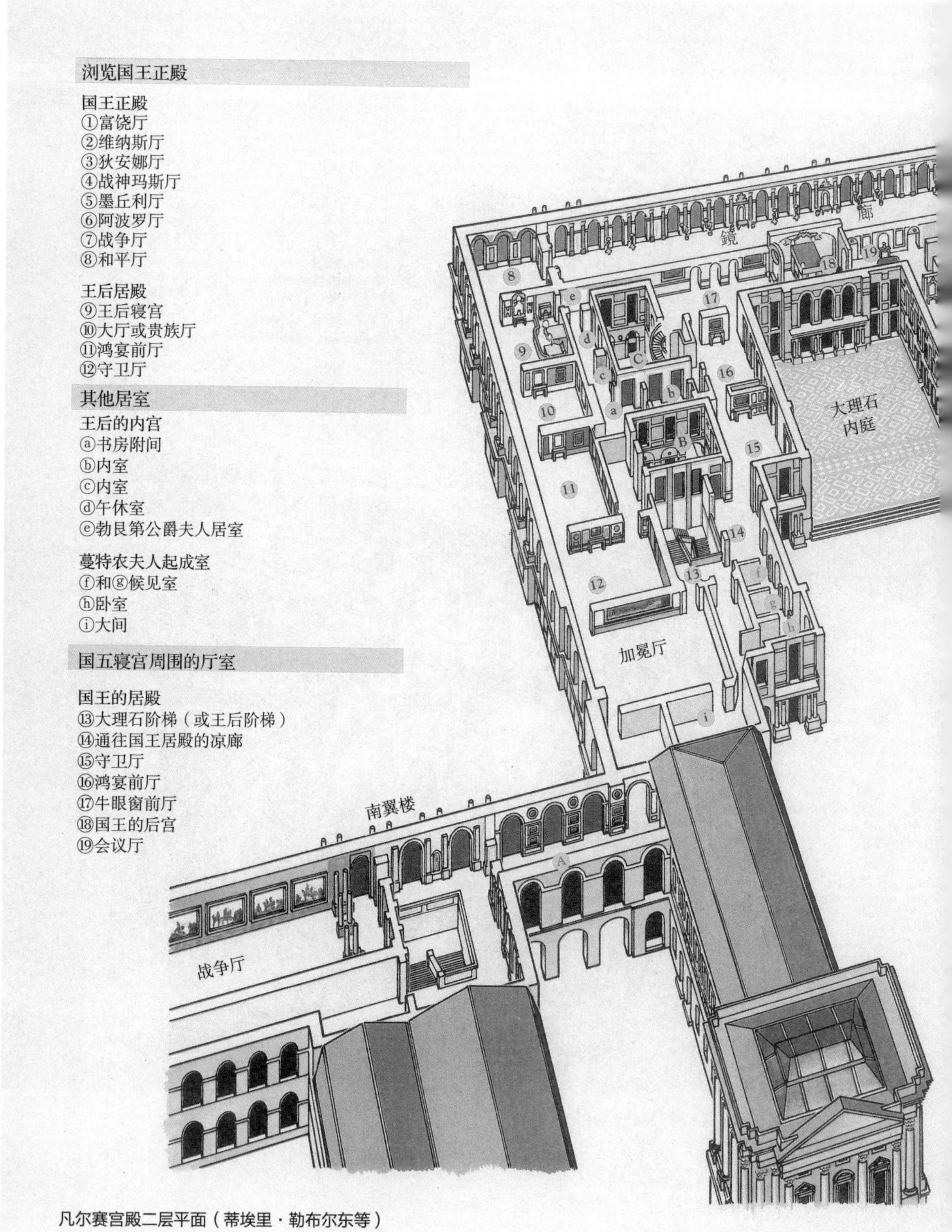
浏览国王正殿
国王正殿
①富饶厅
②维纳斯厅
③狄安娜厅
④战神玛斯厅
⑤墨丘利厅
⑥阿波罗厅
⑦战争厅
⑧和平厅
王后居殿
⑨王后寝宫
⑩大厅或贵族厅
⑪鸿宴前厅
⑫守卫厅
其他居室
王后的内宫
ⓐ书房附间
ⓑ内室
ⓒ内室
ⓓ午休室
ⓔ勃艮第公爵夫人居室
蔓特农夫人起成室
ⓕ和ⓖ候见室
ⓗ卧室
ⓘ大间
国五寝宫周围的厅室
国王的居殿
⑬大理石阶梯（或王后阶梯）
⑭通往国王居殿的凉廊
⑮守卫厅
⑯鸿宴前厅
⑰牛眼窗前厅
⑱国王的后宫
⑲会议厅
镜
廊
大理石
内庭
加冕厅
南翼楼
战争厅

凡尔赛宫殿二层平面（蒂埃里·勒布尔东等）

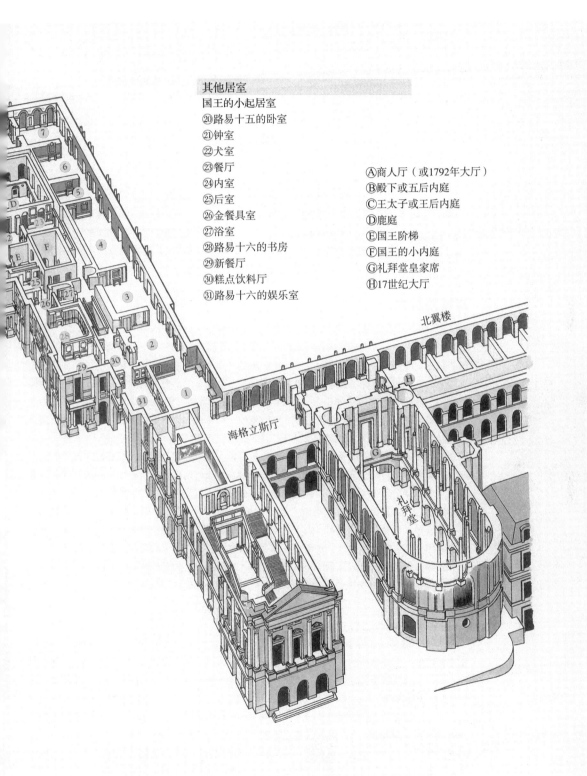

其他居室

国王的小起居室

⑳路易十五的卧室

㉑钟室

㉒犬室

㉓餐厅

㉔内室

㉕后室

㉖金餐具室

㉗浴室

㉘路易十六的书房

㉙新餐厅

㉚糕点饮料厅

㉛路易十六的娱乐室

Ⓐ商人厅（或1792年大厅）

Ⓑ殿下或五后内庭

Ⓒ王太子或王后内庭

Ⓓ鹿庭

Ⓔ国王阶梯

Ⓕ国王的小内庭

Ⓖ礼拜堂皇家席

Ⓗ17世纪大厅

北翼楼

海格立斯厅

礼拜堂

2. 宫殿东面的室外院落广场

宫殿中心向东延伸纵向主轴线，它串联着层层扩大的三个院落广场。第一个是保留的原三合院，其建筑立面与地面改为大理石贴面，故称此处为大理石院；正中建筑立面除中间部分外还保留原来的砖墙面和板岩屋顶，由此可见它的历史前身，这种做法在今天仍然有参考价值。大理石院往东，两侧建筑向北向南退后，院子扩大，称此第二个院为御院。由御院顺轴线再往东，两侧建筑是各部大臣使用的三层楼，后退较多，此第三个院宽阔，可称其为宫前广场，这里曾作为练兵之处。现在御院与宫前广场分界的中心点立有路易十四骑马雕像。宫前广场向东连接着三条放射林荫路，此三条路中间，北面建有皇家大马厩，南面建一皇家小马厩，宫前广场往右南边，建有较大的菜园——厨房花园（Kitchen Garden），专供凡尔赛宫皇家用膳之用。2001年5月法国外交部接待笔者到此厨房花园参观，当时给笔者的启示是，这种花园今后在各地城镇建设中，依然有参考价值，可视情况采用。

凡尔赛宫殿中心保留原建筑情况

凡尔赛宫殿大理石院

原路易十三时期狩猎别墅园外景画

从御院望大理石院

御院与路易十四雕像

凡尔赛宫苑及其宫殿前大理
石院、御院和宫前广场鸟瞰
（当地提供）

3. 建筑西面最高的第一层水池台地园

这里是凡尔赛宫苑内，主体建筑宫殿中心面对的最高的第一层台地，原设计为方形水池花坛，后改为南北对称的两个纵向的大水池，这就更加突出了纵向中轴线，两大水池简明、平静、清澈，有节奏地衬托出第二台地拉托娜池的精美。这两个长池，各设4尊卧式青铜河神雕像（Bronze statues），它代表着法国的罗讷河、马恩河、加龙河等主要河流，同时每个长池配上4尊美女和4个儿童的雕像，共24尊。长池为八边形，四角圆弧状，两短边各放2尊东西向河神雕像，两长边各安排4个南北向雕像。8尊象征河流的河神雕像，手持利器，手旁有水从水罐中流出，并有一儿童天使与河神呼应；此8尊雕像大的方面一致，只是在性别、姿态、儿童天使与水罐位置、手持利器的左右手臂有所不同，因而整体十分协调。这组主要雕像设计人是杜比（Tuby）、凯勒（Keller）、柯塞沃克（Coysevox）、勒翁格尔（Le Hongre）等。此两个长池边，以浅色石镶砌，周边围以绿色草坪，更加突出了深色青铜的雕像。2003年12月，笔者从宫殿中心镜厅拍了这张长池的照片，进一步感到这第一层台地作为园林序曲的成功。

北面水坛河神雕像

中心宫殿西面两个水坛

在2个长池的西面，对称地布置有2个方形水池雕塑，水池台边上立有雕塑，以雄鹿与猎犬"猛兽之战"青铜雕塑最为精彩，动态、神态俱佳，它象征着力量。2003年12月笔者专门拍下了这组雕像水池；这两个水池雕像，位于拉托娜水池东面上行大台阶顶端的两侧，起着连接上下两个台地园的作用。

4. 拉托娜雕像水池喷泉与其两侧水池花坛的低一层台地园

拉托娜雕像水池喷泉，是经过两次改建而确定的。最初建造的是玛尔斯兄弟的雕像；1670年改为拉托娜雕像水池喷泉，但拉托娜女神和其子女是立在一个岩石上，女神雕像面对东面的宫殿，池中四周只有12只青蛙，在池外草坪上还围有24只青蛙；最后改建的现存模样，是1687～1689年间由建筑师朱尔·阿杜安·芒萨尔（Jules Hardouin Mansart）重新构思设计的，他将岩石改为4个大理石同心圆底座，青蛙增加了许多，环绕四层底座布满了青蛙，拉托娜女神及其子女雕像立于最高一层的底座上，她转个方向面对大运河。拉托娜女神裸露着上身，左手搂着儿子阿波罗，右腿旁坐着女儿狄安娜，整体线条柔美流畅，神态动人，是在述说着拉托娜及其子女的神话故事，她为了保护子女不受当地农民的欺辱，寻求朱庇特神为她复仇。这最后一次的改动，取得了好的效果，更加突出了拉托娜雕像水池喷泉，并从纵向轴线整体来看，更加合理，它同东面宫殿一起与西面的阿波罗雕像水池喷泉和十字形大运河取得了呼应，同时神话故事也有了更好的结合，阿波罗的历史情况，在拉托娜池有了交代。此雕像水池喷泉规模大，大理石底座盘的四周上下镶边为浅色，底座

拉托娜池喷泉雕像（从西向东看）

圆盘中间立面为暗橙色，拉托娜及其子女雕像为浅色，这样就形成了对比的和谐。此池由于青蛙喷口多，且喷出的弧线方向有所不同，最下一层向外喷出弧线，最上一层向内喷出弧线状，且环绕着拉托娜女神雕像，并在二层底座外的池水中立有多个较高的人身青蛙面的雕塑，这些人身青蛙面口中喷出的弧形水柱既粗又高，当喷泉全部开放时，好似水山，但富有韵律感，构成了一首雕像与水结合的交响曲。

　　这低一层的台地园，在拉托娜雕像水池喷泉的西北、西南面布置着以圆形水池雕像为中心的两个大花坛，色彩以紫、绿色相间搭配，在靠近大水池的边缘做成圆弧状，形成三角形构图的统一整体。两个花坛起着烘托拉托娜雕像水池喷泉的作用，这个低一层的台地园周边坡地，以丛林作背景衬托着十多尊著名的浅色雕像，在中心处以大台阶连接着宫殿前高一层的台地。这种水池、喷泉、雕像、花坛、丛林结合的台地园做法，是借鉴了意大利台地园的手法，但这一拉托娜雕像水池喷泉为中心的台地园，规模更大，并具有自己的特点，创造出了凡尔赛宫苑景观的第一个高潮。

　　此片系2003年12月夕阳时笔者拍摄的情景。

拉托娜池及其两侧花坛（2001年5月摄）

拉托娜池喷泉雕像（从东向西望）

拉托娜池中拉托娜及其子女雕像（当地提供）

5. 皇家大道

　　从拉托娜雕像喷泉水池台地园中心路西行，面对着335m长的绿色草坪，似一条长长的绿色地毯铺在这里，路易十三时期狩猎别墅园已有此路，园林大师勒诺特将它拓宽为40m，并装点得很有气势，在绿色草坪两边铺路，两条路旁为有层次的丛林墙，在两侧丛林墙前有节奏地各布置着6尊雕像和6个花盆，这些

从阿波罗池向东望皇家大道

从东向西望皇家大道

浅色的雕像与花盆在深色的丛林墙背景衬托下格外醒目。此两侧的雕像、花盆和丛林墙以及地面的绿色草坪，造出了皇家大道的空间环境，将丛林墙后面的小林园隐蔽起来，不分散游人的注意力，使纵向轴线贯通向西，这是突出纵向大轴线的一种造园手法。这条皇家大道的西边末端连接着另一重要景观，即阿波罗雕像喷泉水池。

皇家大道南侧面雕像
与花盆雕饰群

从西向东望皇家大道草坪

6. 阿波罗雕像水池喷泉

此池比拉托娜水池还大，在路易十三时期这里就有一个称为天鹅的水池，此时勒诺特将它放大许多。池中的阿波罗驾驭马车的群雕，是1668年由雕塑家杜比根据勒布兰的设计构思雕塑而成的，至1670年制作完成，1671年镀金将其装在池中。

这组雕像阿波罗端坐在马车上，头微向下，手持缰绳让前面四匹马尽快奔驰，再往前的左中右有三个人在吹号角为马车开道，整组雕塑均衡有力，姿态有神韵；这组雕塑面向东方，每日黎明后太阳正好照射在前脸部，金光闪耀，格外精神，同时亦象征着黎明——新的一日开始。路易十四十分喜欢这组雕塑，因为他自喻为阿波罗太阳神。此大水池雕像喷泉形成了凡尔赛宫苑的又一个高潮，游览者大都在这里停留较久，一边欣赏，一边休息。

该水池南北两侧种植有高大的林木，形成绿墙，创造了一个开阔的空间环境。1982年笔者第一次到这里参观时，加上阿波罗雕像可能是刚修饰过，金色纯

阿波罗池中阿波罗雕像群全貌（1982年5月）

正，耀眼闪亮，给笔者留下了深刻的印象，然而1995年12月再来参观时，这组雕像已经发红，到了2001年5月、2003年12月到此处重游时，雕像更加发红，丛林背景被1999年12月的飓风所损坏，变得稀疏矮小，真是遗憾！

从东向西望阿波罗池及其雕像群（2003年12月）

7. 十字形大运河

从阿波罗雕像喷泉水池沿纵向轴线往西，便是十字形大运河，纵长1560m，横长1013m，宽120m。此工程从1668年动工到1679年全部完工，共用了11年。1674年意大利威尼斯送给路易十四国王2只威尼斯轻舟和4位船夫，为了驾驶轻舟让路易十四游玩，这4位船夫及其家属就移居在此宫中运河上端北部的"小威尼斯楼"里。

这条十字形大运河的设计创意是勒诺特的得意之笔，因为在此开阔的水面上，于节日可搞许多有趣的水上活动，游船穿梭，十分风光，路易十四曾调来小型舰艇于此河水中游赏。这一大运河的构思是"勒诺特式园林"的一个重要特点，它本身除有游乐的功能外，还具有蓄水和加强纵向大轴线的作用。

从南部起点望横向大运河

从东部起点望十字形大运河

东部大运河水面（2001年5月时）

横向大运河旁树丛（1982年5月时）

8. 北园

北园位于宫殿中心建筑的北面和宫殿北翼建筑的西边，是一长条加半圆形向下倾斜的坡地，勒诺特将它规划设计成下沉式、主轴线突出、多层次的花园。所谓下沉式，即在北端入口处设下行大台阶，然后走进花园；所谓主轴线，即花园两边完全对称，入口设在中心处，主要景点都布置在这条南北向的轴线上，这条主轴线也就是垂直纵向大轴线，贯穿南、北园的横轴线；所谓多层次，即有3个不同景观的花园。第一个是花坛水池园，建于1664年，从中心北入口看，入口下行大台阶前两侧的石墩上，坐落着两尊青铜雕像，西面是"羞怯维纳斯"，系柯塞沃克所作，东面是"磨刀人"，是弗基尼作品。走下台阶为绿色大路，两侧为以"大"字形划分的花坛，在"大"字交点处设一圆形水池，花坛花色以红、紫、黄、浅黄为主，并有绿篱相衬，花坛四周围立着18尊雕像，这些雕像是勒布兰根据阿波罗行善故事制成的雕像群。在此第一个花园与第二个花园中心连接处，设一圆形金字塔池，此池是勒布兰设计的，共有五个盘池，由海神、海豚、巨蟹支撑，是金字塔状，水从顶部喷出，沿盘边层层跌落，该塔池北面为美女池。第二个花园是以狄安娜美女池开始，它建于1668~1670年，池壁上的雕饰是吉拉尔东的佳作；美女池往北为水径，此路很别致，两边共设有22组青铜雕像，在雕像上是紫色的大理石盘，水从盘中喷出，顺盘沿下流；在水径东面布置有凯旋门林园，水径西面安排一个三泉林园，后由于不断修改，这些林园不复存在。水径路面对一个较大的圆形龙池，此龙池为第三个水池园的开端，其池中雕塑亦很精彩，一群手持弓箭、骑着天鹅的神童把巨大龙样怪物围住，神话故事中传说，此怪物后被年轻的阿波罗太阳神射死，龙池的北

从南向北望北园横轴线花坛园（2001年5月时）

北园花坛园入口东面雕像磨刀人

面放一更大的半圆形海神池，它是水池园的主体，于1679~1681年在勒诺特指导下修建，在1740年路易十五时期安置了3组雕塑，即"海神与昂菲特利埃"、"普柔迪"和"海洋之帝"，并增添了许多喷泉的花样和装饰，使池中的雕塑与喷泉结合的景观非常壮丽，气势非凡，别有一番情趣。

北园入口西面"羞怯维纳斯"雕像

北园金字塔池

北园金字塔池与其北面美女池

狄安娜美女池壁浮雕

北园水径

北园水径青铜雕像喷泉

9. 南园

南园位于宫殿中心的南面和宫殿南翼建筑西边，是一个以南北向中轴线串起的北高南低的3个台地园，此中轴线同北园的中轴线是对应连在一起的。第一个最高的台地园，是由2个方形花坛所组成，与北园的北花坛相对称，亦从中心下台阶进入，向南行的中间道路较宽，两侧方形花坛采用对角线构图，每个方形花坛分为4个小花坛，中心设圆形水池。第二个台地园为橘园，最初是勒诺特设计的小橘园，于1663

南园东部全景

南园花坛园东面花坛

年建成，后来在1684～1686年间，由朱尔·阿杜安·芒萨尔改建，在其两侧设百步大阶梯，从第一个花坛园步入到下沉式的花坛水池大橘园，此橘园由东、北、西三面连起的拱顶廊围合。台地中心是一个圆形大水池，池外围建有6块由绿篱围起的草坪，在绿篱草坪与水池间布满了盆栽的甜橘树，还有盆栽的石榴、夹竹桃和较高的棕榈树。第三个台地是个大水池，命名为瑞士湖，南北长682m，东西宽234m，是从1678年动工，于1688年完成，占地约16hm^2，十分开阔。

南园花坛园（当地提供）

南园橘园拱形廊内景

南园横向轴线贯穿橘园和瑞士池鸟瞰

10. 大特里亚农宫

大特里亚农宫位于十字形大运河横向河渠的北端，在阿波罗池后有西北向放射路直通这座宫殿的正门。此宫是路易十四于1670年让建筑师勒沃修建的。

此宫是路易十四举办庆典、音乐会和休息的地方，也是路易十四同宫廷夫人约会的场所。该宫入口中心为大理石列柱空廊，空廊两边连接着对称的L形建筑，右面L形建筑垂直延伸又一个L形廊屋，建筑为一层，大理石壁柱贴面，柱头为爱奥尼式，柱间为券拱式门窗。中心空廊面向东面，主入口前安排圆形广场。进入中心空廊主入口面向西偏北的花园有一条纵向主轴线，它贯穿着对称的2个较小花坛、1个大花坛和顶端凸字形水池；这3个大小花坛都是十字形分为4块，中心为圆形水池的模式；在大花坛中心处还有一次要横轴线，它与运河横渠轴线连接，以前后两个水池为尽端。此宫花园的优美环境至今让我难忘，它是在高大的丛林怀抱之中，衬托出开阔的花坛水池空间，有色有香，格外幽静，有世外桃源之感，让人流连忘返。

建筑内部，历经100多年的使用，不断地在变化着。现从左面依序向右观看，第一间是镜厅，大厅的镜子是路易十四时期1706年装饰的；第二间是皇后的卧室，是玛利·路易丝皇后和拿破仑一世的玛利·阿梅利王后先后居住过的卧室；第三间是礼拜堂候见室；第四间是贵人厅，此厅在路易十四时期作为候见厅使用，1810年拿破仑称帝后作为餐厅；然后是列柱空廊入口。列柱空廊右边第一间是圆厅，这厅内的油画是路易十四时期的创作，拿破仑时期将它作为门厅；圆厅后面是娱乐厅和比利时王后卧室，比利时王后卧室原是路易十五时的餐厅，1845年路易·菲利普将它改为女儿的卧室，女儿路易丝·玛丽在1832年嫁给比利时国王利奥波德一世；圆厅右边靠后面花园一边的第一间是音乐厅，音乐厅旁是路易·菲利普家庭起居室，这个房间在路易十四时期是娱乐前厅和休息大厅，在拿破仑时期是王子大厅和高官大厅；路易·菲利普家庭起居室右边是孔雀石厅，1809年将亚历山大一世送给拿破仑的孔雀石安装在厅内，故以此为名，作为皇帝沙龙使用；再往右是凉厅。回过头来看，在圆厅右边面对音乐厅的一排房间为皇帝卧室等用房，帝国时期拿破仑在此居住，浅黄色丝幔，用紫银色点缀的织品是皇帝卧室的特点。从凉厅转90°向西北为科泰乐廊，这里有11扇朝向花园的向阳大窗，1687年在此挂出了24幅反映凡尔赛宫苑的油画，其中21幅为让·科泰乐所画，故名科泰乐廊；科泰乐廊尽端为花园厅，此厅通过6扇大窗可观赏到美丽的花园，因而称为花园厅，路易十四时期作为娱乐室使用；花园厅右边是绿蓬下的特里亚农，路易十四时期给其弟媳、王室公主及其子女使用，路易·菲利普时期由其子占用。因花园厅中陈设着许多陶瓷花瓶，笔者总想了解路易十四受中国影响喜爱陶瓷的事实，于2001年5月在华裔法国知名建筑师单黛娜女士陪同下，再次来到花园厅，拍下了一组照片，包括花园厅中陈设的陶瓷花瓶和科泰乐廊等，并想说明花园厅是一个建筑与园林和阳光结合的优秀实例，笔者十分欣赏这里的景观。

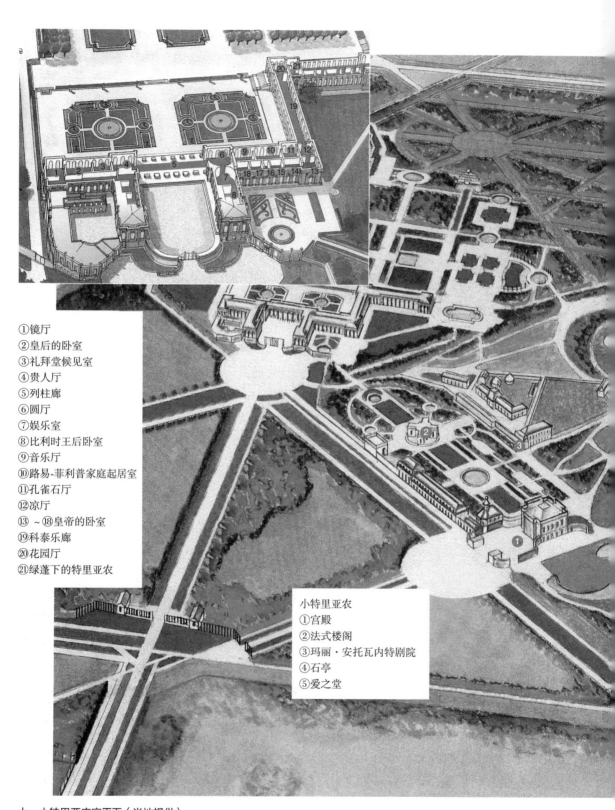

①镜厅
②皇后的卧室
③礼拜堂候见室
④贵人厅
⑤列柱廊
⑥圆厅
⑦娱乐室
⑧比利时王后卧室
⑨音乐厅
⑩路易-菲利普家庭起居室
⑪孔雀石厅
⑫凉厅
⑬ ～⑱皇帝的卧室
⑲科泰乐廊
⑳花园厅
㉑绿蓬下的特里亚农

小特里亚农
①宫殿
②法式楼阁
③玛丽·安托瓦内特剧院
④石亭
⑤爱之堂

大、小特里亚农宫平面（当地提供）

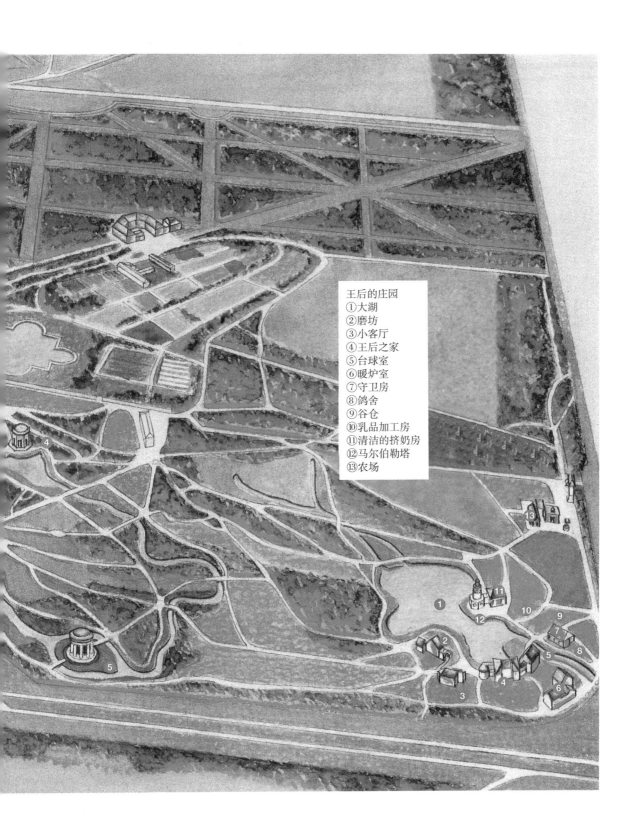

王后的庄园
① 大湖
② 磨坊
③ 小客厅
④ 王后之家
⑤ 台球室
⑥ 暖炉室
⑦ 守卫房
⑧ 鸽舍
⑨ 谷仓
⑩ 乳品加工房
⑪ 清洁的挤奶房
⑫ 马尔伯勒塔
⑬ 农场

大特里亚农宫入口列柱廊

从入口列柱廊向外望

大特里亚农宫皇后卧室

大特里亚农宫孔雀石厅

大特里亚农宫花园厅

大特里亚农宫花园厅外大理石柱

11. 小特里亚农宫

小特里亚农宫位于大特里亚农宫的东北部，1683年路易十四时期这里是果蔬菜园，占地9hm²多，到了路易十五时期有了新的发展，1730年扩大建成植物园和自然的理想的农村生活的动物园，包括引进的荷兰牛，还有羊、鸽子、鸡等。1750年由建筑师加布里埃尔设计建成了法式楼阁，中间是圆形大厅，四角是伸出转角45°的房间，从楼阁的多方向房间可更多地观赏到室外的自然景色，路易十五到此观看动物园、植物园后在这里休息。于1762～1768年路易十五在法式楼阁东北面又修建了一幢别墅，仍由加布里埃尔设计，平面为方形，构图规则完整，比例尺度和谐，基本上仍属新古典主义类型。其二层为主要房间，以西南立面为主，中心三开间立有4根科林斯柱，地面设一对侧行台阶，但入口在东南边，此别墅面对法式楼阁，有一条轴线贯穿两幢建筑及其中间的规则式花坛水池花园，直通向大特里亚农宫。

1774年，路易十六执政后，将小特里亚农宫赠送给他的妻子玛丽·安托瓦内特王后。此时受英国自然风景式园林的影响和王后自己的爱好，将小特里亚农宫向北部扩展，由里夏尔·米克设计建成为自然风景式园林建筑，添建了爱之堂、石亭、中国游戏场和自己的农村式庄园，还有一个剧场。石亭于1777年建成，位于湖滨，为新古典式，其墙面浮雕寓意着春夏秋冬四季，室内顶棚绘制着爱神小天使在蓝天白云中，这一景观自然优美，夜晚若有灯火，似世外仙境一般。1781年为迎接王后之兄约瑟夫二世的到来，石亭湖边灯火辉煌，曾有一幅画描绘出当时的景色。爱之堂于1778年建成，为圆形柱亭，柱头为科林斯式，绿色圆拱顶，中立"爱神磨箭"雕像，爱神用海格立斯的狼牙棒磨箭，此雕像由布夏东创作。剧院于1778～1780年设计建成，外观简单，内部装饰华美，舞台精致，台下有机械装置，可升降台面，但观众席座位少，这是因为此剧院仅为王后使用，玛丽·安托瓦内特喜欢自己扮演剧中的人物，观众是她亲近之人，她曾演出过《林中预言家》中科莱特的角色和《难以预料的赌注》中科特的角色等。王后的庄园于1783～1785年设计建成，其住所包括台球室位于湖的一边，住所右前方是保卫室，保卫室前面湖旁是牛奶房和马尔伯勒（Marlborough）塔，再往前是农场，住所左前方是磨坊，从住所内王后可见到驴拉磨的情景，从卧室中还可观赏到爱之堂。

王后的庄园是自然风景式布局，确实类似一个农村的庄园。笔者很喜欢这里的风景，曾几次到此游览，最后一次是在2003年12月某一天的黄昏前，整个庄园是橙黄色调，疏影横斜，笔者拍下了比较满意的庄园景观照片。

小特里亚农宫殿（面对院落）

小特里亚农宫法式楼阁

小特里亚农宫剧院

小特里亚农宫王后居室田园景观（当地提供）

12. 皇家大道北侧诸林园

路易十四时期，凡尔赛宫苑建造了许多林园，大部分是勒诺特创建的，为凡尔赛园林增色很多，这些丛林背景、雕像、喷泉、花坛、水池组成的林园，是庆祝节日，举办音乐会、舞会，观看戏剧的优雅地方，后于18世纪大都被改建或废弃。

在皇家大道北侧共有6个林园和1个春池、1个夏池。

（1）阿波罗池林园

位于拉托娜池北面，这里于路易十四时期1670 ~ 1673年修建的是马雷林园。1704年朱尔·阿杜安·芒萨尔设计新林园，为的是安放2组精美的雕像，一是"太阳之马"，另一是"仙女服侍中的阿波罗"，把这两组雕像置于池塘边，阿波罗组雕像放在岩洞口处，直至1776年后路易十六指令重修凡尔赛宫廷园时，受英国影响，此阿波罗池林园全部重建成自然风景式，这两组雕像成为此林园的点睛之笔。

（2）王太子林园

位于皇家大道北侧东端，原是路易十六时期种植梅花的林园，林园中的装饰是路易十三时期财政大臣富凯为他的沃克斯·勒维孔特别墅园准备的。2000年恢复后的王太子林园改掉了梅林园。

（3）圆顶林园和昂瑟拉德池林园

位于皇家大道北面最西边，1667 ~ 1668年完成，勒诺特设计一水池，池中有一吹号的女神雕像，曾称为信息女神林园，1677年朱尔·阿杜安·芒萨尔在水池两侧建了2个白色大理石圆顶亭，因而称此处为圆顶林园，1820年这2个圆顶亭被拆毁，但其名仍保留至今。在圆顶林园西北面是昂瑟拉德池林园，池中雕像是一个神话传说，说明泰坦不顾朱庇特的劝告，妄图登上奥林匹克山而被奥林匹克山压在岩石下拼命挣扎的情景，泰坦人像镀金，格外突出。

（4）方尖碑林园

位于圆顶林园的北面，1671年勒诺特在此修建宴会厅和会议厅，1704年朱尔·阿杜安·芒萨尔在这里建立了方尖碑喷泉。

（5）星形林园

在方尖碑林园的东边，原是山水林园，后改为星状的花坛丛林园。

（6）绿色圆广场和儿童岛

紧靠星形林园，位于其东的是绿色圆广场，原是水剧场林园；在绿色圆广场西有一儿童岛，此岛是阿尔蒂于1710年的作品，水池中的岩石之上有6个儿童在戏水，中心喷泉垂直冲向天空，另有2个儿童在池中玩水，儿童全身镀金，金光闪闪，活泼可爱。

阿波罗池林园自然景观

阿波罗池林园仙女服侍中的阿波罗雕像群

春池

夏池

（7）春池

位于皇家大道中心的横轴线同北部林园与皇家大道平行的次纵轴线交叉点处。它是个圆形水池，池中圆形底座台上有一组春神雕像，一位美丽的镀金女性花神横卧在台上，其周围满是鲜花，还有几个镀金仙童在陪伴着她，整体色调金光灿烂，加上喷泉，极富诗情春意。此春池喷泉（Spring fountain）又名福洛拉（Flora），即花神之意。

（8）夏池

位于春池喷泉的东面，皇家大道起点的横轴线同北部林园次纵轴线交叉点处。它同样是个圆池，池中圆形底座台上卧坐着一个镀金的女性谷神，在谷神四周上下都是谷物麦穗和几个活泼的镀金仙童，当喷泉开放时，明亮的水柱与雕像代表着欢乐的夏天。这个夏池喷泉（Summer fountain）又名刻瑞斯（Ceres），为谷神之意。

这条贯穿春池、夏池喷泉的次纵向轴线路，又称其为福洛拉和刻瑞斯小路。

13. 皇家大道南侧诸林园

此处有5个林园和1个秋池，1个冬池。

（1）舞厅洛可式林园

位于拉托娜池的南面丛林后，系勒诺特设计，于1680～1683年建成。此舞厅林园又称洛可式林园，在半圆形陡阶梯坡层层岩石假山上流下的瀑水落入前池中，池中还有高喷如柱的泉水与之呼应；奏乐队音乐人立于这瀑布之上，其旁为铺有草坪的阶梯观众席，底部中心舞池由草坪围起，在这里翩翩起舞，真是一种享受，路易十四对此舞池十分赞赏。

（2）花簇林园

位于舞厅林园的西边，同王太子林园对称在同一条横轴线位置上。在路易十六时期种植着梅花，称为南梅花林园，林园中的装饰也是富凯为自己别墅园准备的。2000年修复的花簇林园取代了梅林园。

（3）柱廊和栗树园

位于花簇林园的西边，皇家大道南边最西面，原是1678年勒诺特设计的泉林园，1685年改建为柱廊，是朱尔·阿杜安·芒萨尔的创作。列柱廊的直径为32m，系32对大理石双柱廊，拱廊间的三角楣上刻着儿童玩耍的浮雕，拱形石中间雕饰有美女水神人头像，顶上立着32个花瓶，列柱廊环绕着一组挺立着的动人雕像，其传说故事取自"普洛托夺走普罗瑟尔比娜"，此雕像是1678～1699年吉尔拉东的作品。柱廊与雕像是浅色，在深色丛林的衬托下，显得十分明亮，整个空间，简洁明快，突出了柱廊中心的雕像。

栗树园在柱廊西南面，建于1680～1683年，原为古厅或水廊，这里摆设着24尊古代塑像，中心路旁种有橘树、紫杉，还有喷泉；1704年改为栗树园，还留有8尊古代胸像和两座雕塑以及两端的圆形水池。

（4）国王花园

在柱廊、栗树园的南面。路易十四时期1674年这里是国王岛和大湖，镜池位于国王岛、大湖的尽端。国王岛因大革命而荒芜，1817年路易十八把它改建为国王的花园，这时造园受英国自然风景式的影响，但基本还是有轴线的规则式，丛林树木茂盛，1999年12月的飓风，摧毁了大量的林木。

（5）王后林园

位于国王花园的东面，舞厅林园之南。路易十四时期原为1669年建成的迷园，这里摆放着39个寓言中的生动的动物形象和喷泉；路易十六时期1775～1776年，将迷宫改造为王后林园，在丛林的衬托下，立有罗曼的胸像和青铜维纳斯·梅蒂斯雕像等，做工精细。

（6）秋池

在南部林园同夏池对称位置，即皇家大道起点的横轴线同南部林园与皇家大道平行的次纵轴线的交叉点处。仍为圆形水池，在池中心圆形底座台上卧坐着一位镀金酒神，其前后满放着成串的葡萄，还有酒罐和几个镀金的天真仙童。法国盛产葡萄，并制出举世闻名的葡萄美酒，它代表着丰收的秋季。此秋池喷泉（Autumn fountain）又名巴屈斯（Bacchus），可能是神话中的酒神。

（7）冬池

在秋池的西面，与北面林园春池相对称，在同一条横轴线上。于圆形水池中的底座台上卧坐着一尊镀金的萨特尔神，在其周围堆放着海螺、贝壳等海边生物，还有几个镀金的仙童，它代表着冬季。这个冬池喷泉（Winter fountain）又名萨蒂尔纳（Saturn）。这条贯穿秋池、冬池的次纵轴线路，称为巴屈斯和萨蒂尔纳小路。这4个寓意春、夏、秋、冬四季的4个水池喷泉是杜比在1672～1677年策划实现的雕像组群。放置此四季池的两条纵向路旁，密植丛林，创造出极为幽静的空间环境，让人心旷神怡。

国王花园

国王花园中水池

洛可式林园舞厅（当地提供）

洛可式林园叠瀑与喷泉（当地提供）

柱廊（Rolf Toman）

柱廊中心"普洛托夺走普罗瑟尔比娜雕像"

14. 镜厅

在中心国王寝宫的西面是镜厅，原是建筑师勒沃设计建造的连接国王与王后寝宫的一个露台，1678年朱尔·阿杜安·芒萨尔设计镜厅被批准。此厅长70m多、宽9m、高13m多，是凡尔赛宫最重要的一个厅。其特点是在东面墙壁有17面假券拱形窗式的"玻璃镜面"，同其西面真的券拱形窗相对称，相呼应；券拱间饰以壁柱，柱身为大理石，柱头是青铜镀金，券拱上花环与人像、檐口及其上边拱顶周边的花饰

凡尔赛宫殿镜厅

全部镀金，拱顶上是勒布兰与他弟子绘制的30幅画，这些画描述着路易十四1661年执政后到1678年奈梅亨的光辉事迹。此镜厅的整体最为金碧辉煌。因有突出的17面镜子，故称镜厅。1685年5月15日，路易十四在镜厅召见热那亚总督；1686年在此厅路易十四召见了暹罗大使；1715年2月19日路易十四于镜厅召见古波斯大使，这是他最后一次的召见，他在1715年9月1日去世。

15. 剧院

此剧院在北面，从路易十四时期至1770年建成，因经费问题一再推迟。担任此建筑设计的建筑师是雅克·安热·加布里埃尔（Jacques Ange Gabriel），他从1748年开始设计该剧院，要求此剧院还可作为音乐厅、舞厅和盛大宴会使用，另有机械师阿尔努配合，他设计使正厅可以升降，这就为机械设备留了很大的空间。舞台前框

凡尔赛宫殿剧院楼座观众席

有对称的科林斯式双柱，属于当时的大
舞台模样，三层半圆形楼座席以及天花
装饰，皆为古典式样，比例尺度均衡有
序。于1837年路易·菲利普创立历史博
物馆时，重新整理使用，1871年它作为
国民议会所在地，1876～1879年成为参
议院的办公室。

16. 17世纪大厅

在海格立斯厅、礼拜堂前以北的
二层北翼楼大厅，这是路易·菲利普创
立历史博物馆时，用以展示17世纪在建
立凡尔赛宫苑过程中的重要人物及其
事迹，以及旁波家族系谱。其中以路易
十四执政期间工作为主。

17世纪大厅中陈列的国王庭园主管勒诺特画像

17世纪大厅中陈列的皮埃尔·帕泰尔作于1668年的凡尔赛宫苑画

（三）杜伊勒里（Tuileries）花园

现状鸟瞰（Yaun Arthus-Bertrand）

平面（Edmund N. Bacon）

该园位于巴黎卢浮宫和协和广场之间。经过几个世纪的花园建设，到了路易十四时期，由勒诺特改建扩建，其突出成果是：

1. 城市、建筑、园林三者结合为一体。花园的中轴线十分突出，在轴线上或两侧布置喷泉、水池、花坛、雕像，此轴线正对着卢浮宫的建筑中心，同样体现了君王的威严。这一轴线后来向西延伸，成为巴黎城市的中心轴线而闻名于全世界。这一著名花园轴线、城市轴线是勒诺特打下的基础。

2. 此花园采用下沉式（Sunkun），扩大了视野范围。又可减少城市周围对花园内的干扰。这种手法是现代城市值得借鉴的一种好做法。

在下沉式花园设计中，台阶设计是一项重要内容，其高度要低一些，踏板要宽些，这两者之间有一常数关系，即：2R（Riser 竖板高）+1T（Tread踏板宽）=60cm。按此公式设计，游人上下走比较舒服。

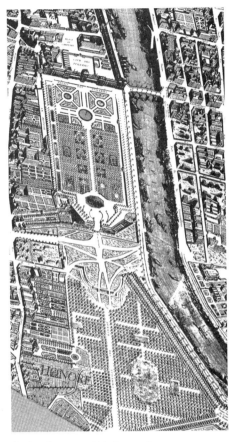

鸟瞰画（Edmund N. Bacon）

中心鸟瞰画（Marie Luise Gothein）

中轴线（自东向西望）

1600年时模型

1740年时模型

中部大水池

东部北面绿化雕像

东部南面绿化雕像

（四）马利（Marly Le Roi）宫苑

带两边道路全景画（Marie Luise Gothein）

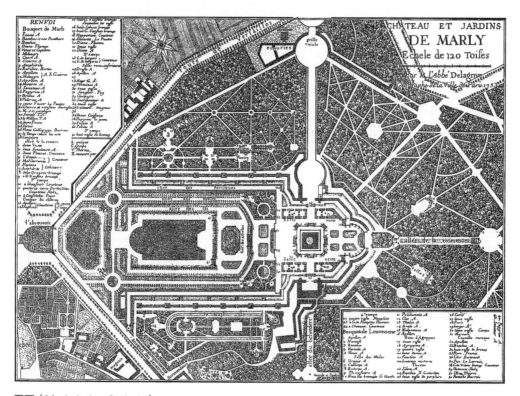

平面（Marie Luise Gothein）

除凡尔赛宫之外，路易十四时期在凡尔赛宫北面还建造了一个"勒诺特式"马利宫苑，规模相当可观，周围有山。此园的特点是中心景观更为集中，水景极为壮观，有五道喷泉水池，形状各异，中心园为下沉式，富有层次，在中轴线尽端的建筑平台上，或在两侧各个建筑前的平台上，都能观赏到视野开阔的壮观水景全貌，后因水源不足等原因，逐渐荒废。宫苑内有名的雕像现存卢浮宫博物馆内。

雕塑（现存卢浮宫博物馆）

"勒诺特式"园林的特征是，有一条强烈的中轴线贯穿全园，建筑位于轴线的一端控制全园，在此轴线上及其两侧布置规模宏大的水池、水渠、叠瀑、喷泉和雕像、花坛以及大运河等，并有丛林围绕，以体现威严壮美。受其影响的各国园林大都效仿这一模式。

马池

中轴线鸟瞰画（Marie Luise Gothein）

二、俄罗斯

彼得霍夫园（Peterhof）

从下面望长河喷泉景色（王毅先生摄）

从上面俯视长河景色（王毅先生摄）

　　该园位于俄罗斯圣彼得堡市的西面郊区，建于1715年，是彼得大帝的夏宫，由勒诺特的弟子设计。宫殿建筑群位于12m高的台地上，沿建筑中心部位布置一条中轴线直伸向海边，建筑平台下顺此轴线作一壮观的叠瀑，瀑水流入压在轴线上的通向海边的长长运河，在叠瀑周围及运河两侧满布喷泉、雕像和花坛，在此中心轴线的外围密植由俄国各地和国外引进的树林，站在高高的建筑平台上，极目远望，可俯览此壮观的园林景色，并可看到芬兰海湾。1998年9月笔者从莫斯科专程来此参观，正逢喷泉全开，感受到了这一雄伟壮丽的有层次的水色景观，令人心旷神怡。

从侧面看主楼前喷泉雕像群（王毅先生摄）

喷泉雕像群局部（王毅先生摄）

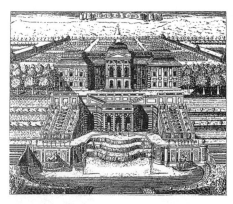

中轴线喷泉景观画（Marie Luise Gothein）

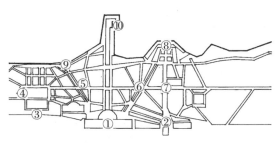

平面
①大平台　　　②棋盘山　　　③金山　　　④玛利宫
⑤夏娃　　　　⑥亚当　　　　⑦彼得大帝一世纪念碑
⑧莫列津宫　　⑨爱尔迷塔 日宫　⑩码头

三、德国

（一）黑伦豪森宫苑（Herrenhausen）

此宫殿建在汉诺威城近郊，其庭园部分是由勒诺特设计，该园的建造是由其他的法国人完成的。此园以水景闻名，建筑前有叠瀑，在中轴上布置规模宏大的水池喷泉，其中最大的一个还有4个水池在其两侧轴线上相陪衬，在众多的整齐花坛间布置有精美的雕像和花瓶装饰，花坛外围是壕沟，留有城堡痕迹。全园整体简洁壮丽。

花园剧场（Marie Luise Gothein）

鸟瞰画（Marie Luise Gothein）

（二）尼芬堡（Nymphenburg）宫苑

　　该宫殿园林建在慕尼黑近郊，1715年由法国造园工程师扩建此宫殿园林。该园的特点是，由水渠、大水池、喷泉、叠瀑、花坛、林荫大道组成突出的中轴线，且水景格外有气势，大水池叠瀑壮丽，喷泉冲天很高，中轴线上的水渠极长，因而传名四方。

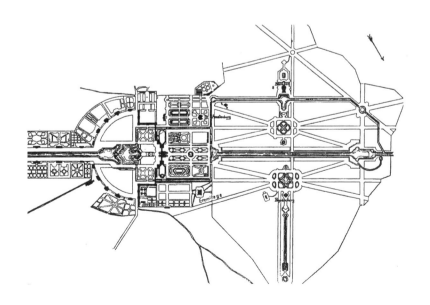

平面（Marie Luise Gothein）

水渠与瀑布画（Marie Luise Gothein）

主要花坛透视画（Marie Luise Gothein）

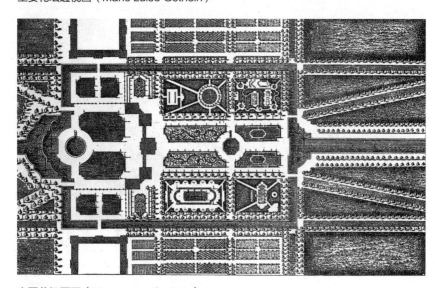

主要花坛平面（Marie Luise Gothein）

（三）无忧宫苑（San Souci）

　　该园位于柏林附近的波茨坦，是腓特烈大帝在1745年建的无忧宫殿园林，为大帝隐居之宫苑。有人称其为小凡尔赛宫，特点是宫殿位于山冈上，在建筑前面是层层种有整形树木的台地，下面还布置有一个下沉式圆形水池喷泉，整体气势宏伟。

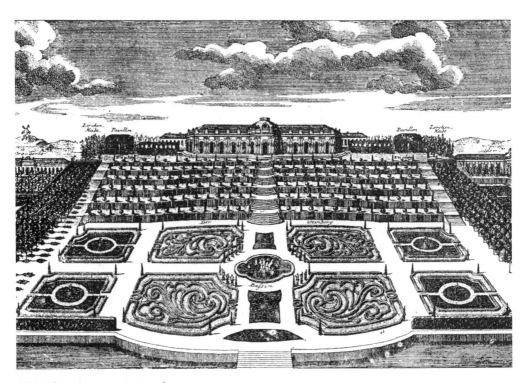

鸟瞰画（Marie Luise Gothein）

四、奥地利

（一）雄布伦（Schonbrunn）宫苑

　　该宫苑位于维也纳西南部，与凡尔赛宫的历史相似，原是小猎舍，后发展为离宫，因财力不足，1750年按小规模方案建造，占地约130hm²。其特点是丛林、水池、雕像、喷泉十分壮观，水池中的海神雕像和另一座水池中的山林水泽仙女雕像等十分精美。

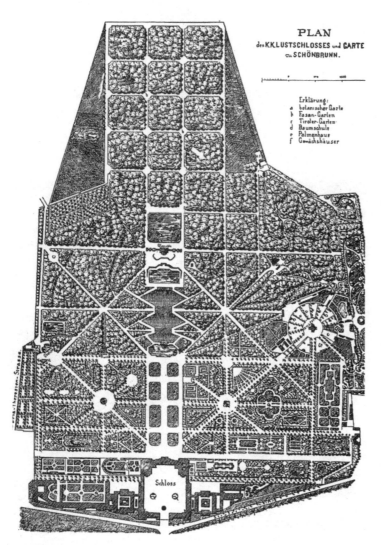

平面（Marie Luise Gothein）

中心花坛（Marie Luise Gothein）

（二）贝尔韦代雷（Belvedere）宫苑

该宫苑在维也纳，同雄布伦宫苑一样出名，它建于17世纪，为奥地利尤金公爵所有。建筑位于高台上，下层有一巨大水池雕像喷泉，上下层由一叠瀑阶梯式水池相连，花坛、坡地绿毯、周围丛林将上下层融为一体，这是此宫苑的特点。

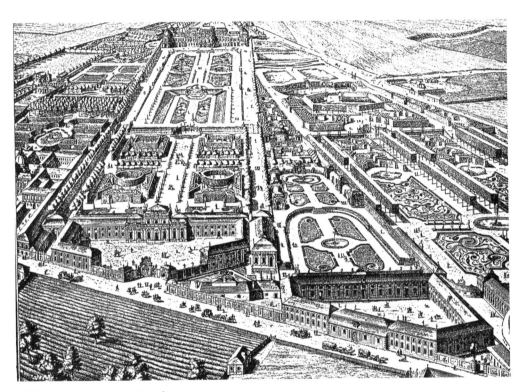

鸟瞰画（Marie Luise Gothein）

中心瀑布水池（Marie Luise Gothein）

五、英国

（一）圣·詹姆斯（St. James）园

查理二世(1660～1685年在位)很喜爱"勒诺特式"园林，曾写信给路易十四，邀请勒诺特来英国。1678年勒诺特访问了英国，他进行的第一个园林设计，就是改造圣·詹姆斯园，主要是开辟了一条轴线林荫大道。勒诺特对其他如格林威治园等的改造，同样是开辟对称的轴线，以体现宏伟气势。

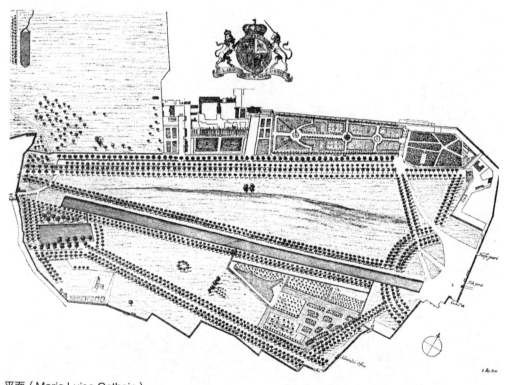

平面（Marie Luise Gothein）

（二）汉普顿（Hampton）宫苑

查理二世期间及其以后，对泰晤士河畔的汉普顿宫苑进行改造扩建，由赴法向勒诺特学习的英国造园师等规划设计。主要内容是，在建筑前建造了一个半圆形的巨大花坛，花坛中布置有一组向心的水池喷泉，巨大半圆形的林荫路连接着三条放射线林荫大道，中轴线非常明显突出，构成了汉普顿宫苑新的骨架，雄伟壮丽。此园在18世纪中叶，受自然风景式园林的影响，由威廉·肯特又进行了一些改变。

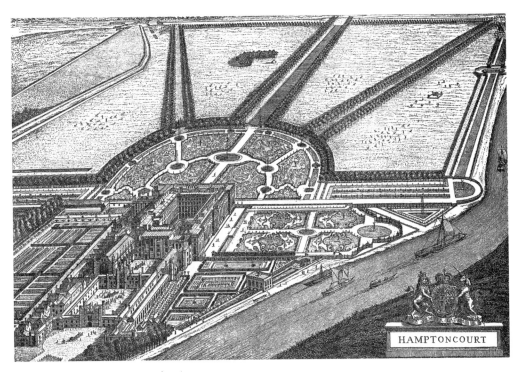

鸟瞰画（Marie Luise Gothein）

六、西班牙

拉格兰加（La Granja）宫苑

该宫苑位于马德里西北的一块高地上，建于路易十四之孙腓力五世时期1720年，由法国造园师设计，受到凡尔赛宫园林的影响，追求气派，形成绿色走廊，中间以对称的花坛、水池喷泉、跌落的瀑水、雕像和瓶饰等，突出中轴线。这里水源充足，水景宏伟。周围是以直线、放射线组成的花坛、丛林。后来支路出现一些曲线道路，这是受英国自然风景式园的影响。

雕塑喷泉（Marie Luise Gothein）

中轴线上主要花坛喷泉水池（Marie Luise Gothein）

七、瑞典

（一）雅各布斯达尔（Jakobsdal）园

此园建在瑞典雅各布斯达尔。17世纪中叶克里斯蒂娜登基后，让法国造园师安德烈·莫勒设计建造此园，1669年后查理十世遗孀爱烈奥诺拉王后又对该园进行了改造。此园是规则式，纵横轴线明显，由大小水池喷泉、雕像、花坛、柑橘园以及瀑布组成，总体布局和水景非常壮观，体现出"勒诺特式"的特征和莫勒的分区花坛的特点。

（二）德洛特宁尔姆（Drottningholm）园

该园建在斯德哥尔摩西面梅拉伦湖中的一个岛上，原是城堡，爱烈奥诺拉王后喜爱此处，1661年后改建为城堡，在其南修建这一园林。此园有一突出的纵向中轴线，由对称规整的花坛、造型树、水池、喷泉、雕像组成。在此中心地带两侧对角线布置不同形状的规则式花园、丛林、动物园等，既规整又有变化，整体布置反映出凡尔赛宫的影响。

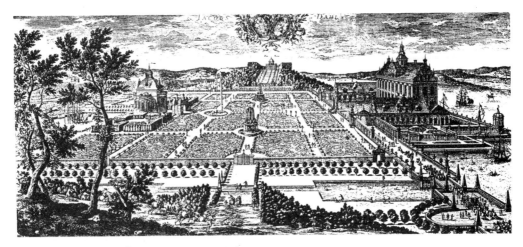

雅各布斯达尔园鸟瞰画（Marie Luise Gothein）

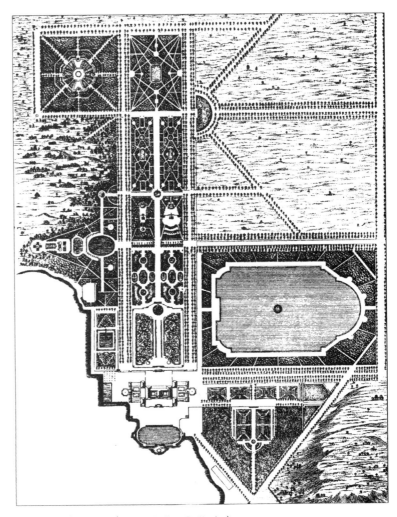

德洛特宁尔姆园平面（Marie Luise Gothein）

八、意大利

卡塞尔塔（Caserta）宫苑

　　该园建在意大利南部的那不勒斯附近的卡塞尔塔小城。勒诺特曾访问过意大利，其影响波及意大利的北方和南方，北部的园林都已荒废，唯此宫苑尚完整地保存在南方。该宫苑建于1752年，穿过宫殿的中心主轴线直至山脚下，在此轴线上布置有运河、花坛、叠瀑、喷泉、雕像，十分丰富多彩，两侧的丛林密布，变化多样，到达顶端是一组

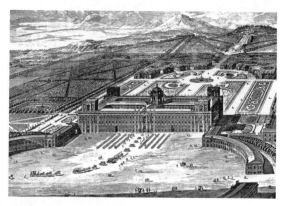

鸟瞰画（Marie Luise Gothein）

巨大的雕像和跌落的瀑布泉水，高差较大，加上狄安娜、阿克特翁神话故事中的人与动物群像，气势格外雄伟，震撼人心，形成了景观的高潮。1995年4月笔者到此，对"勒诺特式"园林又一次留下了深刻印象。因中轴线过长，许多游人选择乘马车回到宫殿。

从顶端沿中轴线望宫殿建筑

顶端瀑布

顶端左边雕像群

顶端右边雕像群（狄安娜神及其随从沐浴时受惊吓）

中轴线中部水渠雕塑

从中轴线中部水池看宫殿建筑

九、中国

这一阶段，中国正处于清代初期和中叶，此时再次兴起了皇家园林建设高潮，这个时期起于康熙，止于乾隆，是中国封建社会最后繁荣之时，其造园主要体现在离宫别苑的建造上。这里选择三个实例，即承德避暑山庄、北京圆明园和北京清漪园，它们是康熙、乾隆皇帝盛世时期，吸取江南风景、造园的特点，融南、北方园林为一体建造的宫苑。这三个园林集中了中国历代造园的精华，达到了新的高峰，是中国传统园林的优秀典型。

（一）承德避暑山庄（又名承德离宫，热河行宫）

该山庄位于河北省承德市北部，武烈河西岸，北为狮子岭、狮子沟，西为广仁岭西沟，占地5.6km^2，与西湖面积相仿，始建于1703年（康熙四十二年），1708年初具规模，于1790年（乾隆五十五年）建成。该山庄的特点是：

1. 夏季避暑，政治怀柔。这里山川优美，气候宜人，满族人原居关外，进关入北京不

《避暑山庄图》（清泠枚绘）

适夏季炎热的气候，这里正适合帝后夏季避暑享乐；选择此地还有一个重要原因，就是政治上的考虑，此处为塞外，靠近蒙古族，也便于同藏族来往，为了加强对边疆的管理，统一中华民族，采取怀柔政策，常邀请蒙古族、藏族头目来此相聚，友好相处，因而选定此处建造离宫苑囿。该山庄确实起到了这双重作用。

2. 山林环抱，山水相依。山庄四周，峰峦环绕，山庄本身，其西北面为山峦区，占全部面积的4/5，平原占1/5，位于东南面，平原中的湖面约占一半，此水是由热河泉汇集而成。此山庄造园，根据自然地形，因地制宜，是以山林为大背景，创造山林景观，并集中在湖面创造许多山水景色，于平原处创造草原景观。所以说，该山庄园林属自然风景式园林，由山林、湖水、平原三部分组成，加上宫殿部分，景观丰富，以山林面积为最多。

3. 前宫后苑，前朝后寝。该山庄总体布局为两大部分，宫殿区在南端，苑囿在其后，为"前宫后苑"格局，便于功能使用。宫殿区由正宫、松鹤斋、万壑松风和东宫组成。正宫位于西侧，有九进院落，主殿为"澹泊敬诚"殿，在此朝政，为素身楠木殿，简朴淡雅，后面"烟波致爽"为寝宫，仍按"前宫后寝"的形制布局。

4. 湖光山影，风光旖旎。湖泊区是山庄园林的重点，位于宫殿区北面，

平面（引自周维权先生《中国古典园林史》）

①丽正门　②正宫　③松鹤斋　④德汇门　⑤东宫　⑥万壑松风　⑦芝径云堤
⑧如意洲　⑨烟雨楼　⑩临芳墅　⑪水流云在　⑫濠濮间想　⑬莺啭乔木　⑭莆田从樾
⑮苹香沜　⑯香远益清　⑰金山亭　⑱花神庙　⑲月色江声　⑳清舒山馆　㉑戒得堂
㉒文园狮子林　㉓殊源寺　㉔远近泉声　㉕千尺雪　㉖文津阁　㉗蒙古包　㉘永佑寺
㉙澄观斋　㉚北枕双峰　㉛青枫绿屿　㉜南山积雪　㉝云容水态　㉞清溪远流　㉟水月庵
㊱斗老阁　㊲山近轩　㊳广元宫　㊴敞晴斋　㊵含青斋　㊶碧静堂　㊷玉岑精舍
㊸宜照斋　㊹创得斋　㊺秀起堂　㊻食蔗居　㊼有真意轩　㊽碧峰寺　㊾锤峰落照
㊿松鹤清越　(51)梨花伴月　(52)观瀑亭　(53)四面云山

湖岸曲折，洲岛相连，楼阁点缀，景观丰富。山庄内康熙四字题名有36景，乾隆三字题名有36景，在这72景中有31景在此湖区。康熙、乾隆数下江南，将一些江南名胜景观移植于此，如青莲岛烟雨楼仿嘉兴烟雨楼，文园狮子林仿苏州狮子林，沧浪亭仿苏州沧浪亭，金山寺仿镇江金山寺。这些景观点都布置成园中之园，由几条游览路线将其有机地连贯起来，富有韵律节奏。游至金山、烟雨楼高视点处，视野开阔，可眺望群山环抱的湖光山影，欣赏这里具有南秀北雄的园林景色。

5. 北部平原，草原风光。湖区北岸有四座亭，这里是湖区与平原区的转折处，进入平原区，碧草如茵，驯鹿野兔，穿梭奔跑，真是一片北国草原风光。其中的"万树园"景观区最为有名，原为蒙古牧马场，乾隆在此处建蒙古包，邀请蒙、藏等少数民族首领野宴、观灯火，有时也在此宴请外国使节。平原西侧山脚下按宁波"天一阁"布局建有"文津阁"，珍藏《四库全书》和《古今图书集成》各一部，为清代七大藏书楼之一。

6. 西北山岳，林木高峻。大片山岳区位于山庄西北部，此区内有几条自东南至西北向的松云峡、梨树峪、松林峪、榛子峪等具有林木特色的峡峪通向山区。在山岳区西部可观赏到"四面云山"景色，在北部可远眺"南山积雪"景色，在西北部可望见"锤峰落照"景色，在此三地景观处，修复了三座亭。山岳区内原有许多寺院和园林建筑，都已毁掉。

行宫入口

热河泉

行宫内院

金山亭

从金山亭俯视湖光山色

水心榭（湖泊东、西半部连接处）

莲叶荷花景色

外围景色（近为寺庙，远为棒槌峰）

（二）北京圆明园

九洲清晏景画

天然图画景画

遗址在北京西北郊，是清代在北京西北郊修建的最大的一座离宫别苑，占地约3.5km²，它还包括长春园、绮春园（万春园），又称"圆明三园"。始建年代为1709年（康熙四十八年），是康熙赐给四子的一座私园，后四子登位为雍正帝，扩建为离宫，乾隆时再次扩建，于1744年（乾隆九年）建成。长春园、绮春园分别于1751年、1772年完成。不幸的是，1860年（咸丰十年）这座举世闻名的园林遭英法联军洗劫和烧毁。现在以圆明园遗址公园加以保护和整理。

1. 西宫东苑，功能双重。在圆明园西南为宫廷区，有正大光明殿、九州清宴等建筑群院落，为君臣处理政务之殿堂和帝、后的寝宫。一年四季，除冬季回京城皇宫，夏日去承德避暑山庄外，春、秋两季都生活在这里进行各项活动。在宫廷区的东面和北面为园林区，是帝后游幸之地。此离宫别苑具有双重功能，相当于京城内的紫禁城和西苑。

2. 挖池堆山，人工造园。此处为平地，同杭州西湖，承德避暑山庄的自然地势不同，完全是平地造园，依中国传统的造园手法，挖池堆山，创造出似自然的山水地貌，造出一个个意境不同的景观，这些山水景观有大有小，大小结合，构成一个有序的整体，体现出中国自然风景式园林的特点。

3. 墙隔门通，三位一体。此园实有三个，圆明为主体，附有长春园、绮春园。此三处园林是用墙分隔开，但有福园门、明春门、绿油门，使主园与附园沟通，将三园连接在一起。

4. 水景为主，山水相依。圆明三园的景色都是以水景为主题，利用泉水开出的水面占全园总面积一半，最大的水面为福海，宽600m，许多中等水面宽200m，小水面宽40～50m，这些大中小水面由环绕的河道连接，构成一个完整的三园水系。傍水多为山，山水相依，创造出许多山水景观。

5. 江南美景，移地再现。该园利用人造的山水地貌，并配以名花嘉木和建筑，造出不同的景观有150多处，由皇帝命名题署的有40景。其中包括许多江南美景，如仿杭州西湖的"柳浪闻莺"、"曲院风荷"、"三潭印月"、"平湖秋月"、"双峰插云"、"南屏晚钟"，仿绍兴兰亭的"坐石临流"，仿湖南岳阳楼的"上下天光"，取自陶渊明《桃花源记》的"武陵春色"等。乾隆数次下江南，喜爱这些美景，将其再现在圆明园中。

6. 象征寓意，意境景观。如后湖环列的九岛代表天下九州，皆为王土，象征封建帝王统一天下；福海中的"蓬岛瑶台"表现

上下天光景画

武陵春色景画

神仙境界，象征神话传说中的东海三神山，与汉建章宫太液池中三岛的含意相同；"别有洞天"取自"大天之内有地之洞天三十六所"，意指这里是真正神仙所住之地。

7. 园中之园，丰富统一。以山、水、建筑、林木、墙、廊、桥等分隔出的150多处富有意境的景观区，由陆路、水路将其连通起来，景色丰富，园中有园，整体统一。该园是中国平地造园，园中园景观最为丰富的一座园林，达到了中国传统造园的最高峰。

8. 西洋楼景，中西并存。在长春园北部边缘有一长条形景区，即"西洋楼"景区，此系乾隆时期由欧洲天主教传教士主持建造的欧式宫苑，有谐奇趣、黄花阵（即迷园）、方外观、海晏堂、远瀛观、线法山等，喷泉景观奇特壮丽，总体布局规整，纵轴、横轴线明显突出，自成一体，但与南部园景亦取得联系。现对此景区的看法有所不同，有人认为，风格对立，极不协调；另一种看法是，不同风格的园林，放在一起，也是一种做法，中西可以并存，中为主，西为辅，它们反映了当时世界园林发展的水平，是一个好的实例。笔者赞同后者的观点。

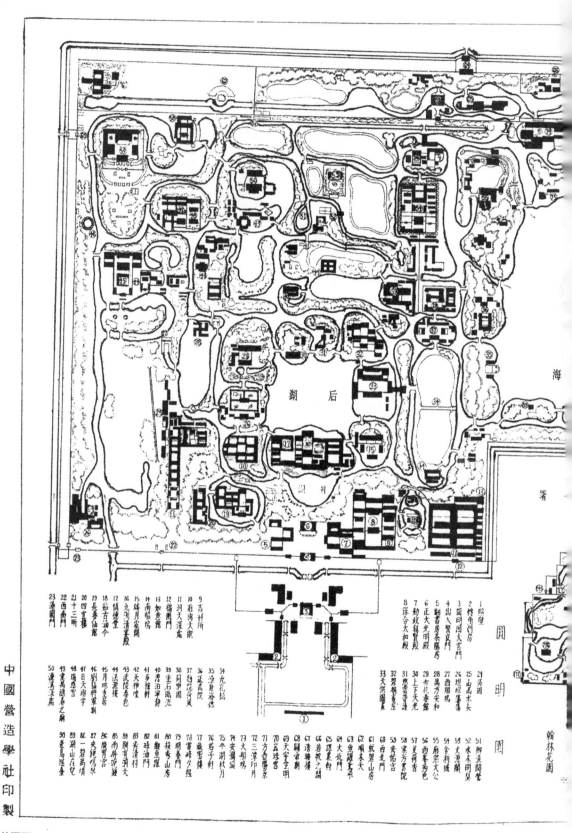

中國營造學社印製

总平面

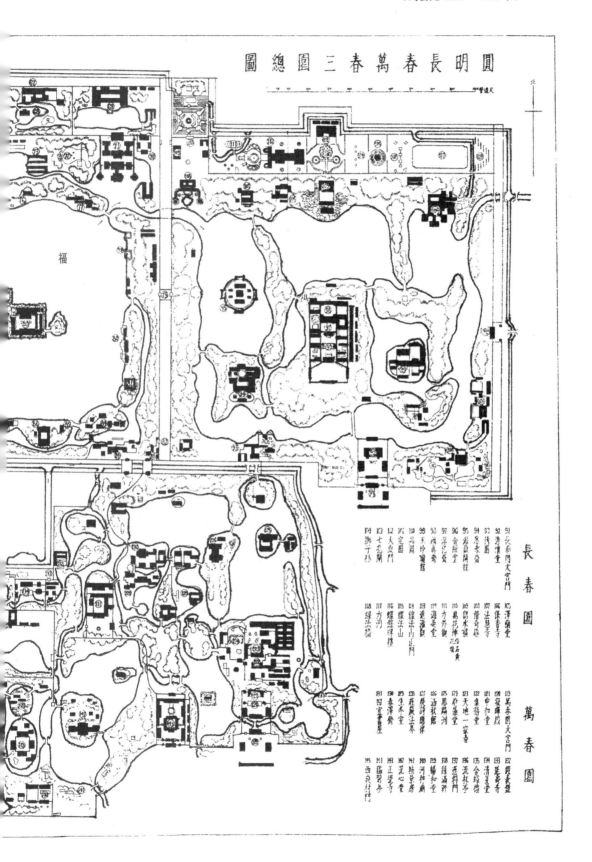

正大光明景画

长春仙馆景画

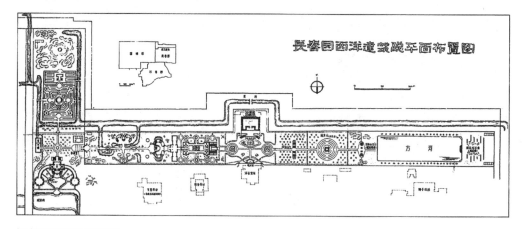

长春园西洋建筑群平面

万方安和景画

菇古涵今景画

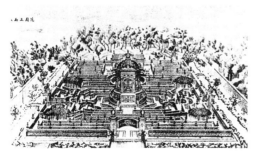

长春园西洋建筑花园"迷园"（铜版画）

长春园西洋建筑海晏堂西面（铜版画）

（三）北京颐和园（原名清漪园）

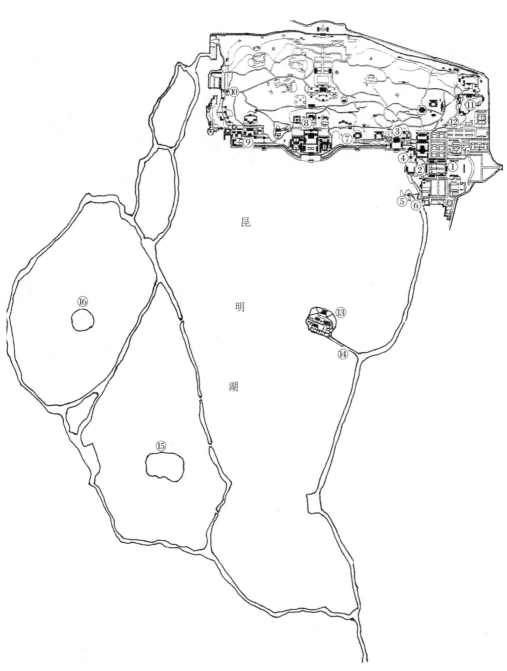

平面
①东宫门　　②仁寿殿　　③乐寿堂　　④夕佳楼　　⑤知春亭　　⑥文昌阁　　⑦长廊　　⑧佛香阁
⑨听鹂馆（内有小戏台）　⑩宿云檐　⑪谐趣园　⑫赤城霞起　⑬南湖岛　⑭十七孔桥
⑮藻鉴堂　⑯治镜阁

该园位于北京西北郊，始建于1750年（清乾隆十五年），1765年建成，名为清漪园，1860年被英法侵略军焚毁，1886年（清光绪十二年）重建，改名颐和园，1900年又遭八国联军破坏，1901年修复。此园占地约290hm²，其特点是：

1．依山开池，模仿西湖。这里原称瓮山西湖，明时建有好山园。在1749年（乾隆十四年），为疏通北京水系，引玉泉山水注入瓮山前的西湖，再辟长河引水入北京城。1750年，在太后六十大寿前一年，乾隆为给其母祝寿决定在此建造清漪园，拓宽西湖水和瓮山后面水流，在前山的中部建大报恩延寿寺，将瓮山改名为万寿山，将西湖改称为昆明湖。

从文昌阁上西望万寿山昆明湖（近处为知春亭）

从夕佳楼上观看湖山夕阳西下景色

这就是依山开池的因由。总体布局，完全是模仿杭州西湖风景格局，自然的万寿山高40多米，湖面比圆明园的福海大，是清代皇家园林中最大的水面。湖中建有西堤、支堤，将水面划分为一大二小，在这三个水域中各建一岛，象征东海三神山——蓬莱、方丈、瀛洲，亦延用汉建章宫太液池中三岛的做法，并同杭州西湖相仿；此西堤及堤上六桥是仿杭州西湖苏堤和"苏堤六桥"。大片昆明湖水为北面万寿山、西面玉泉山及其后面西山环抱，真好似杭州西湖的缩影。

2．借景西山，建筑呼应。西边近景为玉泉山，山顶建一宝塔，远景为西山峰峦，景色十分深远，这开阔的园外美景皆借入园中，扩大了此园的空间，这是该园造园的一大特色。为了观赏这美景，在湖东岸建有夕佳楼，每逢夕阳西下之际，站此楼上可看到极富诗情的全园和玉泉山玉峰塔倒影的长卷画面。全园的中心建筑是毁后改建的佛香阁，其下面沿中轴线为排云殿等建筑群，为举行盛典之处，此阁高36.5m，阁顶高出湖面80m，成为全园的视线焦点，它控制着前山区，能俯览湖中三岛、东岸与西部的景区，以及山脚与山腰各景点的建筑，建筑之间彼此呼应。这些呼应的建筑起着双重作用，一是观景，二是被观赏的景点，丰富了园林景色。

3. 东面宫殿，东北居住。此离宫别苑，按清代规定，宫苑分开设置，采取的仍是前宫后苑的布局。宫廷区又分成朝、寝两部分，位于东部布置以勤政殿（光绪时改名为仁寿殿）为中心的建筑群，是上朝处理政务之地；为了慈禧皇太后长时间在此居住，在东北两面扩建了后廷部分的玉澜堂、宜芸馆和乐寿堂，作为居寝之地。特别是慈禧居住之处乐寿堂，其布置格外精美，庭院中种有玉兰花，中心放有巨大的石景，透过对面廊道墙面上的什锦窗，可望到湖光美景。

4. 长廊连接，丰富景观。在前山脚下布置一长廊，将北部自东向西的建筑群连接起来，共有273间，长728m，是园林中最长的长廊。它起到丰富园林景观的作用，无论从山上望湖或从湖上观山，都增加了景色的层次；它还是一条很好的游览路线，可观赏到许多变化的景观，阴雨时可避雨淋，烈日时可防日晒；它本身也是观赏的对象，在每间中都可欣赏到彩绘的各地山水画卷。

5. 园中有园，仿园寄畅。全园造景100余处，园中有园，沿湖东岸向北行有十七孔桥、知春亭、夕佳楼、水木自亲等园景，沿西堤北行是6桥景色和一

从佛香阁侧面观湖山景色

片田园风光；在万寿山前山山腰东部有景福阁园景，可俯视开阔的全园山水景色，并可观赏东面的圆明园，前山山腰西部有画中游等园景，同样可横览全园的湖光山色，有如画中游赏；在两个关隘中间，顺后湖自西向东行，布置有7个园景，在东边关隘处，安排一园景，清漪园时称惠山园，颐和园时改名为谐趣园，是仿无锡寄畅园而建，乾隆数次下江南，十分喜爱寄畅园的以水景为中心的自然山水园，因而取其意移景此地。

从东岸望十七孔桥与万寿山

乐寿堂庭院（春天玉兰花开时）

长廊

雪后长廊前

听鹂馆内小戏楼

从逍遥亭看听鹂馆入口

谐趣园水景

万寿山昆明湖碑

宿云檐

十、日本

　　这一阶段日本为江户时代（公元1603～1868年），其园林建设数量与规模都超过以往，造园艺术处于繁荣时期，回游式池泉庭园已经成熟，又发展了茶庭，将两者融合在一起是这一时期造园的特点，这里举例京都桂离宫说明这一特征。

京都桂离宫（Katsura Imperial Villa）

　　该宫位于京都西南部，其西北为岚山风景区，占地6.94hm²，因桂川从旁流过，故称桂山庄。始于1620年，为皇亲智仁亲王所有，1645年由其子智忠亲王扩建，1883年（明治十六年）成为皇室的行宫，称桂离宫。1976～1982年翻修。此宫苑是由日本著名艺术家小堀远洲设计，被誉为日本园林艺术的经典作品。其特点有：

　　1. 回游茶庭混合式。前一阶段的庭园为舟游式与回游式池泉庭园混合式，此宫苑已转入回游式池泉庭园，并将17世纪前后发展的新型茶庭庭园融合在一起，组成回游式池泉庭园与茶庭的混合式。

　　2. 自由布局自然式。总体布局，包括建筑的格局、湖池河流的形状、道路的走向以及花木的配置等都不是规则式，而是自然式的自由布局，但联系有序，协调统一。

　　3. 重点突出主题景。虽为自然式布局，但主题景十分突出，中心是一个大湖，湖中有5个岛，主要建筑御殿、书院以及月波楼集中成组群地布置在湖的东岸，共同组成该宫苑的主要景观。月波楼正对湖心，为赏月之处。

　　4. 茶庭多样"楷、行、草"。共安排四个茶庭，名为笑意轩、园林堂、赏花亭和松琴亭，分别布置在湖岸和岛上。距离御殿较近的茶庭，布局规整，称为"楷"体；距离远的，布局自由，称为"草"体；布局折中的，名为"行"体。"楷、行、草"体，这是日本自己概括出的日本庭园设计的三种设计模式，它在此宫苑中同时得到了体现。

　　5. 建筑小品景色添。此园中有16座桥，用材多种，土、木、石桥皆有；还有23个石灯笼、8个洗手钵，这些建筑小品的造型都各有不同，极大地丰富了各处景点的景色。

　　6. 树木群植景幽深。此宫苑的外围环境十分优越，西北面为林木苍郁的岚山风景区，四周为茂密的竹林，在园内所有山坡地上群植松、柏、枫、杉、竹以及棕榈、橡树等，形成绿荫幽深的景观。

茶庭（David H. Engel）

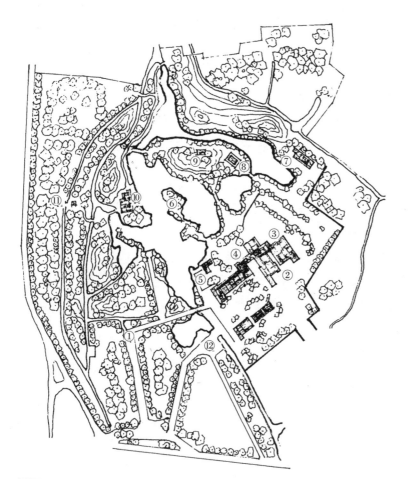

①御幸门
②御幸御殿
③新御殿
④中书院、古书院
⑤月波楼
⑥神仙岛
⑦笑意轩
⑧园林堂
⑨赏花亭
⑩松琴亭
⑪万字亭
⑫通用门

平面

中心景色（David H. Engel）

主体建筑（当地提供）

第五章　自然风景式时期

（约公元 1750 ～ 1850 年）

社会背景与概况

18世纪中叶，英国首先出现了自然风景式的花园，完全改变了规则式花园的布局，这一改变在西方园林发展史中占有重要地位，它代表着这一时期园林发展的新趋势。这种大的转变，是从文学界开始作思想引导的，英国散文作家艾迪生（Joseph Addison，1672～1719年）、英国田园诗人蒲柏（Alexander Pope，1688～1744年）于1712年、1713年先后发表有关造园的文章，赞美自然式造园，否定传统的规则式。同时影响到从事造园的布里奇曼（Charles Bridgeman，? ～1738）、肯特（William Kent，1685～1748年）等人，引起共鸣，在造园实践中体现了这一思想。至18世纪中叶以后，法国孟德斯鸠、伏尔泰、卢梭等在英国基础上发起启蒙运动，卢梭于1761年还写出构思日内瓦湖畔的自然式庭园，这种追求自由、崇尚自然的思想，很快反映在法国的造园中。后面先介绍6个英国的实例，首先是斯托园，它是欧洲第一个冲破规则式园林框框转向自然风景式园林的典型花园，总体布局去掉轴线、直线，湖面更加自然，草坪、树丛配植自然，树种丰富；还有位于伦敦附近的奇西克园，其整体布置是规则加自然风景式，属于规则转向自然过渡的实例；第三个实例是在利物浦东面地区的查茨沃思园，原为规则式，后部分改造成自然风景式；第四、五、六个实例是位于伦敦附近的谢菲尔德园和位于埃克塞特东北面的斯托亥得园以及位于伦敦西部的丘园，这三个园皆建成于18世纪下半叶，总体格局都是自然风景式，没有规则式做法，去掉了整形的植物，配植多种花木，景色丰富，色彩斑斓，是自然风景式阶段比较成熟的实例。

这一时期，法国转向建造自然风景式园林的实例，首举峨麦农维尔园，该处于1763年归吉拉尔丹侯爵所有后，他支持其朋友卢梭大力提倡"回归大自然"的先进思想，将此园的总体布局改成自然风景式；第二个实例是在巴黎的蒙索园，入口部分为规则式，后面大面积为自然式田园景观，是一个规则加自然式的实例。德国的实例有在德绍的沃利茨花园，建于18世纪下半叶，完成在19世纪初，总体布局为自然风景式，有开阔的水面、大岛、小岛和田园风光；还有施韦青根园，此园原为规则式，于1780年将其西北部改变为自然风景式。另一个是穆斯考园，建设时间为公元1821～1845年，该园自然如画，弯曲的河流从园中部穿过，河岸两边为不同景观的林苑，它是德国自然风景式园林的一个典型实例；此外，还介绍两个西班牙实例，一是皇家马德里植物园，此章前面提到的英国丘园亦是英国皇家植物园，这说明此时期在欧洲一些国家创立了植物园，它对丰富园林植物起了促进作用；二是拉韦林特园，它位于巴塞罗那城的北部，始建于1791年，19世纪上半叶建成，总体布局为自然加规则风景式。

　　这一阶段，中国是清代由兴盛走向衰落的时期，各地园林建设规模不大，园林艺术没有什么发展，建筑与园林走向烦琐，可称之为东方的"巴洛克"，这里介绍了三个不同的实例，第一个是江苏扬州瘦西湖，为大众公共活动之地，系自然风景式；第二个是广东顺德清晖园，为私人花园，整体自然，局部规则，属自然带规则风景式；第三个是北京恭王府花园，为恭王私人花园，整体规则，局部自然，属规则带自然风景式。

一、英国

（一）斯托（Stowe）园

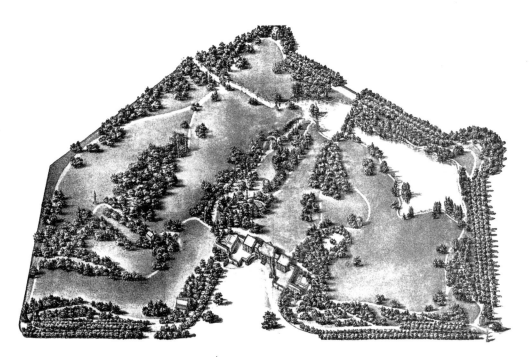

布朗改造后鸟瞰画（Marie Luise Gothein）

园景透视画（原湖面大到能行船）

　　该园于18世纪上半叶建在白金汉郡，为科巴姆（Coblham）勋爵所有，由布里奇曼（Charles Bridgeman）设计，后肯特（William Kent）作了补充，体现了蒲柏（Alexander Pope）的思想；于18世纪中叶以后由肯特的学生布朗（Lancelot Brown，1715～1783年）又作了更为自然的改造。它是自然风景式园林的一个杰作，是首先冲破规则式园林框框走上自然风景式园林道路的一个典型实例。

　　最初的设计，可以说是向自然式过渡的阶段，整体布局是由两个不规则形的湖面围绕着花园中心的绿树带。但主要道路仍采用直线或对称形式，仅将次要道路设计成曲线，有的曲线为曲而曲，有些形式主义。后经布朗改造，其特点是：

　　1. 去掉轴线、直线。将原有的中轴线和直线道路都改为自由的曲线，从总体上彻底改变了严整的布局。

　　2. 湖面更加自然。将湖面做成曲线和小河湾，形成动感的湖面。布朗想使湖岸超过泰晤士河的美，他对湖岸自我陶醉，曾惊奇地说："喏!泰晤士! 泰晤士，你永远不会原谅我。"确实，这个湖岸曲弯自然。

　　3. 草坪、树丛配植自然。大片草地（Meadow）绿色成茵，小块树丛散点成荫，使得新的花园贴进树林，树林贴近自然，这一新风格，人们称它为"Park like"。

　　4. 树种丰富。引进国外灌木、树木，通过精心培植，使当时世界流行的花木适合当地条件壮丽生长。

　　5. 仍保留着旧城堡园的痕迹。

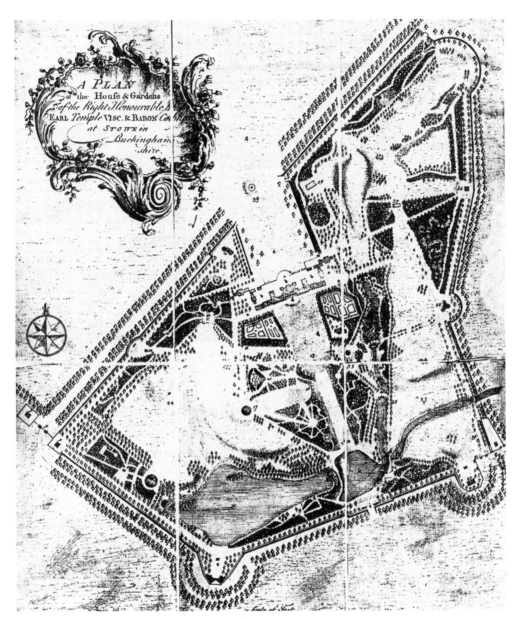

原平面（纽约公共图书馆）

（二）奇西克（Chiswick）园

    该园位于伦敦附近，建于18世纪中叶，由造园家肯特设计。此园的所有者是勋爵伯灵顿（Burlington），他支持肯特追求自然的造园观点。此园中部有一河流穿过，河岸做成不规则形，弯曲自然；河的两边由几条直线放射路分成几片绿地，在这几片绿地中未作对称规则布置，而是采用动的曲线布置路径，其间安排水池、喷泉、

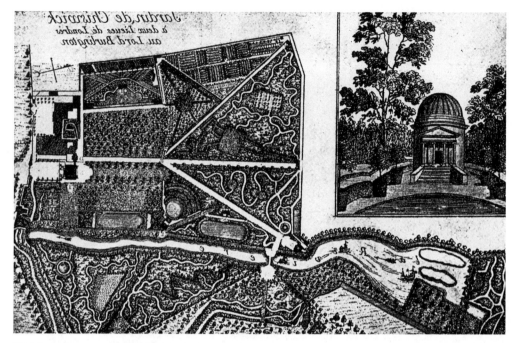

平面（Mare Luise Gothein）

丛林等，组成风景如画、如诗的景观；其种植遵循蒲柏崇尚自然的思想原则，肯特与蒲柏是朋友。从总体布局的骨架来看，此园是规则加自然风景式，所以从发展过程分析，它可属于规则向自然式过渡的实例。但这种规则加自然式的做法，至今在一些现代园林中仍然采用，我们对此不能全然否定。

（三）查茨沃思（Chatsworth）园

鸟瞰雕刻画（Marie Luise Gothein 1699年）

该园在利物浦东面地区，17世纪时，为典型的规则式园林，有明显的中轴线，侧面为坡地，布置成一片片坡地花坛。原设计人是法国格里耶（Grillet），此人曾跟勒诺特学习过，显然是采用勒诺特式。到18世纪中叶，由英国著名造园家布朗对此园进行了改造，将其中一部分改成当时流行的自然风景式风格，特别是在种植方面。在坡地升高的地方，改变了原来的道路，建成大

改造后的园林一角，坡地墙是19世纪由Paxton设计（Arthur Hellyer）

片的草坪，林木自由地种植。沿路虽然比较规则地布置一些雕像或灌木，但改造部分的总效果已大为改观，形成自然风景式。

（四）谢菲尔德园（Sheffield Park Gardens）

该园位于伦敦附近，建成在18世纪下半叶，至今已有200多年的历史，是由造园家布朗设计。总体格局是自然风景式，没有规则式的做法。中心是由两个湖组成，岸边种有适合沼泽地生长的柏树，高直挺拔，并配植其他多种花木，具有植物园的特色。每逢仲春初夏季节，色彩灿烂；秋季时，彩色辉煌，这两个季节是观赏此园景色的最好时光。1900年前后，此园又进行了第二次修建。该园是由规则式转向自然风景式阶段的一个好实例。

主要湖面的秋景（Arthur Hellyer）

围绕第二湖面种植许多外来树种（Arthur Hellyer）

（五）斯托亥得（Stourhead）园

该园位于埃克塞特（Exeter）东北面的斯托顿（Stourton），建于18世纪下半叶，其总体布局的设计具有如下特点：

1. 因水得园名。该园靠近斯陶尔河，提升此河水入园，好似这河水之首，故称此园之名为"Stourhead"。

2. 总体自然式。布局为自然风景式，各种树木都按自然生态生长，完全去掉了整形的植物。整形的树木在英国搞的最多，这也是英国造园的一个特点，对于此种做法不能全部否定，今后在园中局部采用仍是可以的，特别是一些整形的灌木是需要的。

3. 主景突出。中心为一较大湖面，形成开阔的湖色风光，湖后为大片树林和草坪，沿岸还布置有庙宇建筑，构成了一幅自然风景画面。

4. 景色丰富。在湖面的窄处，设有五孔拱桥，桥旁有村庄、教堂建筑等，又形成了另一景观，景色有变化。此外，还有洞穴等景观。

5. 四季皆有景。该园的花木配植，考虑了四季的变化与特点，四季都有不同的景色可以观赏，所以有人称赞此园："四季都适合拍摄其自然风光。"笔者认为，它是一座代表英国自然风景式园林的典型实例。

五孔拱桥（Arthur Hellyer）

主要湖面的秋景（Arthur Hellyer）

（六）丘（Kew）园

中国塔周围景色画（Marie Luise Gothein）

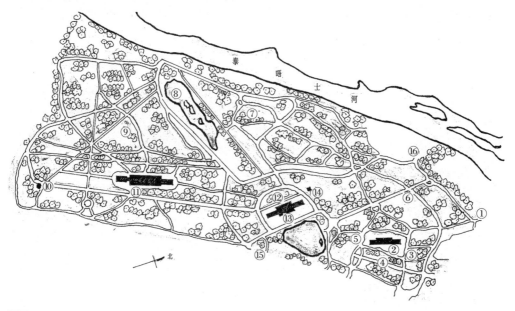

平面

①主入口大门　②兰花等温室　③草地园　④岩石园　⑤树木园　⑥柑橘园　⑦竹园
⑧湖　⑨林间开敞地　⑩中国塔　⑪温室　⑫玫瑰园　⑬棕榈树室　⑭水百合室
⑮胜利门中心　⑯叩宫、皇后花园

此园位于伦敦西部泰晤士河畔，18世纪中叶以后得到了发展。

对英国造园有一定影响的钱伯斯（William Chambers），于1758~1759年负责丘园工作，他在中国东印度公司工作过，1757年著有介绍中国建筑设计的书，将中国建筑与花园介绍到英国，他赞赏中国富有诗情画意的自然式园林，但他也喜欢意大利规则式的台地花园，曾说过自己"不能抗拒意大利花园的魅力"。他对丘园有较大贡献，该园的特点是：

1. 模仿自然画。总体布局为自然风景式，东面设水池，西部有湖面，道路曲直，彼此呼应，将不同景观联系起来。该园原是为乔治三世母亲建造的一个别墅园，她希望有画一般的风格，因而尽量创造自然如画的景色。

中国塔

2. 造了中国塔。此塔是10层，提供了一个很高的观赏点，登塔眺望，全园景色尽收眼底，塔起到了造山的作用。

3. 造假古迹。建有一个罗马遗迹和一些希腊神庙。钱伯斯在园中增加这些建筑装饰，是其浪漫主义的表现，当时遭到一些人的反对。

4. 引进国外树种，成为世界知名植物园。此园引进美国松柏、蔓生类植物和其他外国林木，园东部水池前建有棕榈树温室，温室前布置玫瑰花园等，至19世纪该园就已变成闻名欧洲的植物园。

仿造古迹（Marie Luise Gothein）

温室

二、法国

（一）峨麦农维尔（Ermenonville）园

建有卢梭墓的白杨树岛（Marie Luise Gothein）

18世纪法国启蒙主义运动是受英国理性主义的影响，法国启蒙主义运动的倡导人之一—卢梭大力提倡"回归大自然"，并具体提出自然风景式园林的构思设想，后在峨麦农维尔园林设计建造中得到体现，所以首先介绍这一实例。中国自然式园林对法国有些影响，但不是主要方面，法国园林转向自然，主要是其哲学文学思想家、造园家自身的作用。中国园林中的桥、亭或塔等在法国一些园林有所修建，现已大都被毁。

该园位于亨利四世（公元1586～1610年）的城堡周围，1763年归吉拉尔丹侯爵（Marquis de Girardin）所有。其特点是：

1. 园主支持自然风景式造园。吉拉尔丹和卢梭是朋友，接受他提出的自然风景式园林的构思设想，

眺望园景的Gabrielle建筑（Marie Luise Gothein）

他本人访问过英国，认识了英国造园家钱伯斯等人，支持自然式造园的新思想，后此园的设计还得到莫勒的参与帮助。

2. 总体布局为自然风景式。全园由三部分组成，包括大林苑、小林苑和偏僻之地。主体部分为大林苑，有一较大的水面，还有瀑布、河流、洞屋和丛林等，其布局与形式都为自然式。

3. 水面中心有一著名的小岛。岛上种植挺拔的白杨树，还建有卢梭墓，1778年卢梭临终前两个多月是在此园中度过的，此岛因卢梭墓和白杨景观而出名。

4. 偏僻之地十分自然。这部分有丘陵、岩石、树林和灌木丛林等，颇具自然野趣。

5. 园主将视听结合。吉拉尔丹专门组织音乐团来园中演奏，把美妙的乐声融于诗情画意的景色之中，更增加了田园的自然情趣。

（二）蒙索（Monceau）园

该园在巴黎，建于1780年，由法国艺术家卡蒙泰勒（Carmontelle）设计，为奥尔良公爵菲利普（Philippe of Orleans）所有。此园的特点是：

1. 入口部分为规则式。入口附近布置一中心建筑，作为宴请、欢乐使用，周围是规则的花坛、林木，比较开敞。

2. 后面是大面积的具有异国情调的自然式田园景观。根据起伏的地形，引水造池，布置有意大利葡萄园、荷兰风车和六角形蔷薇园等。

3．还特意造一希腊式大理石石柱的废墟遗迹。

以上两个实例的规则加自然式的做法，在现代园林设计中常有采用。

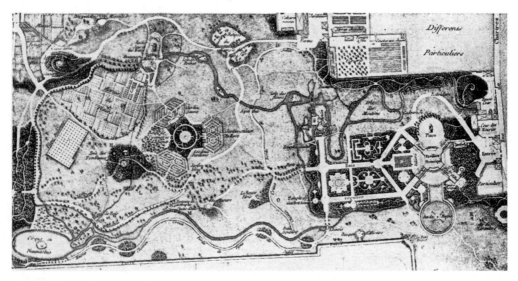

平面（Marie Luise Gothein）

建造的废墟遗迹（Marie Luise Gothein）

三、德国

英国自然风景式造园影响到德国，18世纪下半叶德国一些哲学家、诗人、造园家倡导崇尚自然，在18世纪90年代德国著名哲学家康德和席勒进一步在推崇自然风景式的造园。下面介绍几个这一时期的德国自然风景式园林。

（一）沃利茨（Wörlitz）园

此园在德绍（Dessau），建于18世纪下半叶，完成于19世纪初，为公爵弗朗西斯（Duke Francis）所有。该园的特点有：

1. 总体布局为自然风景式。按英国自然风景式设计，开阔的水面位于园的中心，形成对角线构图，并布置大小岛，景观丰富，富有变化。

2. 重点建大岛。大岛位于园的西北部，建成常青冬景，岛中心建有迷园，称此处为"极乐净土"。

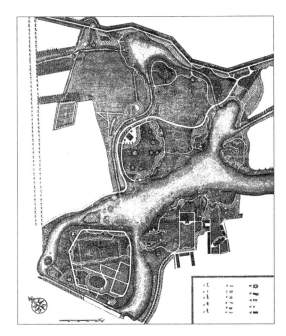

平面（Marie Luise Gothein）

3. 小岛仿名胜。在大岛旁模仿建造法国峨麦农维尔的"白杨、卢梭墓岛"。

4. 造建筑庭园。在园的西南部建有哥特建筑的庭园，还有寺庙、洞室、博物馆等建筑花木景观。

5. 创田园风光。在园的东北部，河流弯曲，架有许多小桥，布置有牧场、田野、林苑，形成宁静的田园风光。

自然景色画（Marie Luise Gothein）

（二）施韦青根（Schwetzingen）园

　　此园在德国施韦青根，开始建园较早，于17世纪下半叶将菜园改为花坛，18世纪上半叶又扩大园的面积，形成十分规则、中轴线突出对称的格局。在这里介绍的主要内容是，于1780年前由德国著名造园家斯凯尔（Friedrich Ludwig von Sckell）对此园西北部的改造，由规则改成英国自然风景式。改变的很自然，在一旁还造出了仿伊斯兰清真寺的景观。这是斯凯尔早期的作品，他在法国学习研究过植物学，后到英国学习，结识了布朗、钱伯斯等造园名人。

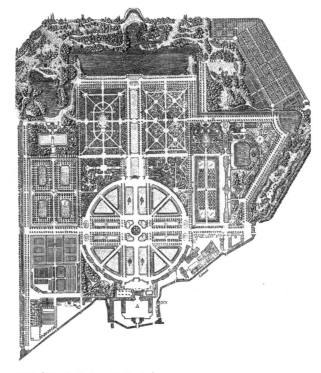

平面（Marie Luise Gothein）

清真寺（Marie Luise Gothein）

（三）穆斯考（Muskau）园

　　该园在德国穆斯考，建设时间为公元1821~1845年，设计人即此园所有者平克勒（Ludwig Heinrich Fürstvon Pückler-Muskau）。平克勒是学法律专业，后弃所学从军，19世纪上半叶对造园进行广泛研究，曾赴美国、英国等地，引进美国树种。他所设计的穆斯考园自然如画，弯曲的河流穿过园的中部，河两边有节奏地布置阔叶树林、美国树林和少量的针叶树林，并点缀一些建筑，构成了不同的林苑景观。建成后，因财力不足，将园让出，但此园成为德国自然风景式园林的一个典型实例。

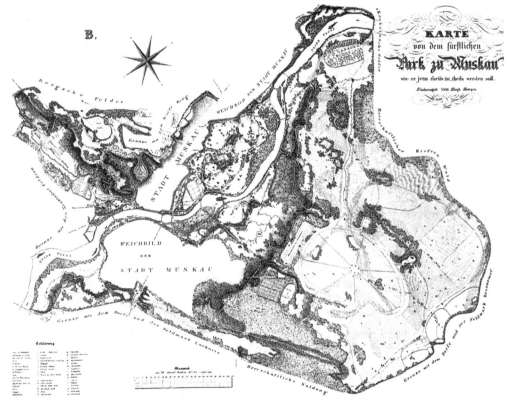

平面

自然景色（Marie Luise Gothein）

四、西班牙

（一）马德里皇家植物园（Royal Botanical Garden）

位于Prado街东面的文化区内，博物馆的南面，由查理三世（Charles Ⅲ）创意建于1781年。园内布局规整，有一中轴线贯穿三个台地，在轴线中部立有查理三世的雕像，轴线东部末端为Villanueva建筑，作花木暖房和图书馆使用，此处为最高台地，布置较为自由。其他两个台地皆为方格网的布局形式，每格中花木配植为自然式，还配以喷泉。种植的内容，有一台地是根据学校的需要配植的，其中还包括药材。19世纪，此园组织人员到美国和太平洋地区考察并引进树种，丰富并发展了这一植物园。拍摄时注意其主体建筑、规整布局和色彩的表现。

Villanueva建筑

方格网形布局，画面中有一雕像为知名植物学家

（二）拉韦林特（Laberint）园

迷园喷泉水池

广场、中国式门（左角）

河渠自然景色

该园位于巴塞罗那城北部边缘，始建于1791年，19世纪上半叶还在不断添建，所有者是马奎斯（Marquis），设计人是意大利建筑师，法国人负责园艺种植。其整体布局和建筑形式都受到当时浪漫主义和古典复兴思想的影响。1995年12月笔者参观此园后，发现它是代表这一时期的较好实例，其特点是：

1. 总体布局为自然加规则风景式。仅中心部分为规则式，景观丰富，有层次变化。在外围的东面，布置有观赏和休闲的小花园，西面安排有多个自然田园的景观，总体联系完整。

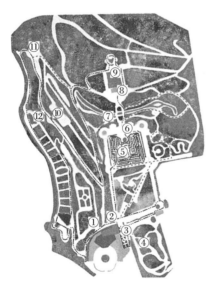

平面（当地提供）

从主体建筑前远眺迷园

①中国式门　②广场　③盆栽花园
④家庭花园　⑤迷宫　⑥雕像亭
⑦自然河渠　⑧主体建筑　⑨大水池
⑩浪漫式喷泉　⑪瀑布　⑫浪漫式花园

2. 主体建筑环境优美。主体建筑小巧简洁，为古典复兴式，位于坡地较高处，前面是坡地花坛、迷园，后面为方形水池、洞屋雕像和大片丛林，环境清幽。主人是高知研究科学人员，常在这里举办活动。

3. 迷园精美。由较高柏树篱组成，设有拱形门，中立雕像，前有水池喷泉，是我所见迷园中最美的一个。迷园是从希腊迷宫而来，在文艺复兴时期意大利园中多建有迷园，这一传统形式一直保留延续至今。

4. 小花园精致。进园往东有一中国式门，在此门东南有一盆栽花木的小花园，称其为Boxtree Garden，现盆栽极少，为绿篱花坛，配以雕像，十分精致。在此园东面尽端的树丛中，布置桌椅，又是一处清静休闲之地。

5. 田园自然景观丰富。在园的西部，从中心主体建筑漫步至此，可陆续见到浪漫式的喷泉、瀑布、浪漫式小花园和农舍等丰富的自然田园景观。

主体建筑后水池、洞屋雕像

主体建筑

五、中国

　　这一阶段，正是中国清代由兴盛逐渐走向衰落的时期，各地园林建设的规模普遍不大，建筑与园林趋向繁琐，从园林艺术性来看，没有什么进展。中国传统园林有其共性，总体来看为自然风景式，在大同中又有小异，这里列举三个实例，一是江苏扬州瘦西湖，它属于自然风景式，但又与苏州园林有所不同，受扬州画派影响自成一派；二是广东顺德清晖园，它代表着岭南园林特色，属自然带规则风景式；三是北京恭王府花园，为北京王府花园的代表，属规则带自然风景式。

扬州瘦西湖从吹台方亭看白塔、五亭桥晨景

扬州瘦西湖白塔、五亭桥夕阳剪影

（一）扬州瘦西湖

该湖位于扬州府城外西北部，1765年前盐商们为取悦皇帝在原保障河两岸造景形成景区，为清乾隆第四次南巡的游览区。其特点是：

1. 自然水景，如带串联。此处原为保障河，因清乾隆时诗人王沆的一首诗"垂杨不断接残芜，雁齿红桥俨画图，也是销金一锅子，故应唤作瘦西湖"，由此而改称瘦西湖。在清以前这里已建有园林建筑和园林景点，1765年前修复一些建筑景点并大量添建园亭，建成24景，如西园曲水、长堤春柳、四桥烟雨、梅岭春深、白塔晴云、蜀岗晚照、万松叠翠等，这些园景沿弯曲带状的瘦

从五亭桥上东望吹台（右为凫庄）

东南部景色

西湖两岸布置，以此带状自然水景将24景和谐地串联在一起，有如一幅自然山水风景长卷。在19世纪，此处已逐渐衰落，20世纪50年代后开始修复。

2．性质多样，公共使用。过去，这里除私人宅园为个人使用外，其余寺庙园林如莲性寺、大明寺，酒楼茶肆园林如竹楼小市景点，祠堂园林与书院园林，还有其他许多风景游览点，其性质是多样的，但都是开放的，为公共所使用。

3．互相对景，相互借景。这一湖区景色，以纵向景观为多，景点位置的安排很巧妙，每一景点都能观赏到均衡的其他景点，相互对景和借景。最精彩的对景，如中心部的吹台，乾隆在此钓过鱼，故又名"钓鱼台"，台上建一方亭有两个圆洞门，恰好面对五亭桥和白塔两个重要景点建筑，构成了一幅精美的有代表性的瘦西湖景观画面。若在五亭桥上眺望，近景是如浮在水面野鸭状的凫庄，中景是钓鱼台方亭，远景是四桥烟雨一带，景色丰富。

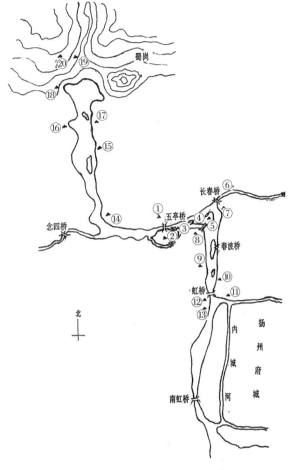

平面
①白塔晴云　②白塔　③凫庄　④吹台
⑤梅岭春深　⑥杏花村舍　⑦四桥烟雨　⑧徐园
⑨长堤春柳　⑩荷蒲薰风　⑪西园　⑫曲水
⑬虹桥修禊　⑭柳湖春泛　⑮望春楼　⑯曲碧山房
⑰春流花舫　⑱水竹居　⑲万松叠翠　⑳大明寺

4．桥亭塔园，造型别致。中心景区五亭桥，建于1757年（清乾隆二十二年），桥上建有五个亭子，形似莲花，所以又称"莲花桥"，桥基由石砌成大小不同共有15孔的桥墩组成，此桥造型独特，既稳重又剔透。白塔全部为砖结构，分三层，下为须弥座，中部为龛室，呈圆形，上部为刹，上有13层瘦长的圆圈，称"十三天"，顶上盖圆盖，再上是铜质葫芦塔顶，其整体造型均较北京白塔为瘦，显得清秀。吹台之方亭，还有其他景点之亭，都很得体，造型别致。

5．叠石见胜，嶙峋峰峦。扬州叠石自成一派，受扬州画派一定的影响，湖石、黄石均采用，讲究叠石成整体的气势，使其似陡峭峰峦、嶙峋山石。

（二）广东顺德清晖园

此园位于顺德城南门外，始建明末，后几园合并，大兴土木，于清嘉庆年间（1796年后）写出"清晖园"三字挂在门前。此园不大，规模小是广东私人花园的一个特点。该园的具体特点有：

1. 自由布局，局部规则。总体布置比较自由，全园分为三个区，前区是水景区，中部是厅、亭、斋山石花木区，是全园的中心，后部为辅助的生活区，此三区连接自然，建筑平面布局不规整，变化自然。由于用地小，山池是分开的，且水池为规则式，一些道路亦随池、随山石亭馆铺成规则式。这种"自由中规则"的布局做法是岭南私人花园总的特征。

方池

船厅、惜阴书屋

花㞟亭

小蓬瀛

2. 水池规则，建筑相邻。前区水池为较大的长方形，开阔舒展，有六角亭、澄漪亭突出两侧池边，碧溪草堂隐立池后，丰富了水景，使规则的水池富有变化。主体建筑船厅侧立池北，水与船厅取得呼应。中部还布置有八角形荷池，这些规则形水池做法，受到一定的外来思想的影响。

3. 灰黑英石，象征叠砌。园内石景皆选广东英德所产英石，石质坚润，纹理清晰，色泽灰黑。当地传统做法是把英石叠砌成象征性的动物和峰峦，因用地小，所叠石山只为观赏，不能进内游览。在园中部花㞟亭处叠一狮子山，主题是"三狮戏球"，大狮为主峰，两小狮为配峰，大狮头为峰顶，形态生动；在此亭旁又叠有英石假山洞门，还布置有散石；于后部归寄庐与笔生花馆之间立一屏式假山，作为空间的分隔。这种英石叠砌的象征性峰型和散石以及其他园中的壁型是岭南园林叠石的一个特点。

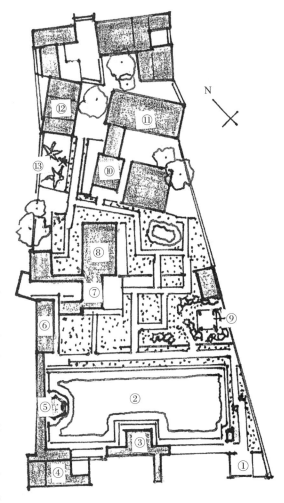

平面
①门厅　②方池　③澄漪亭　④碧溪草堂　⑤六角亭
⑥船厅　⑦惜荫书屋　⑧真砚斋　⑨花㞟亭　⑩小蓬瀛
⑪归寄庐　⑫笔生花馆　⑬蕉园

4. 花木相配，蕉竹为主。在石景构图中，都以花木相衬托，在狮子山前配以棕竹，石洞旁种以翠竹，于亭旁还植有桂花树，增加了环境的自然清幽之感。在船厅后面布置有竹台和蕉园，在归寄庐楼门正中立有花坛，增加空间层次，突出了南方园景的特色。

5. 建筑通透，装修精细。建筑的门、窗都可拆装，以适应炎热气候，有利通风。主体建筑船厅，仿珠江上"紫洞艇"，其花罩是雕刻精雅的岭南水果芭蕉；观赏水景的碧溪草堂，镶有木雕镂空的竹石景落地罩，罩旁两格扇上有96个不同形状的寿字；读书之处的真研斋，其正面槛窗槛板上雕有八仙工具图，逼真动人。门窗格扇上采用彩色玻璃，光影变化，气氛各异。这些建筑特色体现了岭南园林的又一特点。

（三）北京恭王府萃锦园

该园位于北京什刹海西面，建于19世纪上半叶，是清道光帝第六子恭忠亲王奕䜣的府邸，其前身为乾隆年间大学士和珅宅第。此园的特点是：

1. 规整轴线，庭园自然。总体布局分为中、东、西部分，中间为主，有三进庭院，建筑严整对称，中轴线突出，东西两侧部分亦各有次要的南北向轴线。在这总体规整的框架中，中部三进庭院都布置有均衡的假山，前两进院中还有水池；西部中心设一大水池，以水景为主；东部为大戏台和吟香醉月庭院，其南面对"流觞曲水"沁秋亭山石景观。这些庭院布置成自然的庭园。

安善堂前

2. 江南典雅，北方华丽。东、西、中三部分庭院中的山石、水池、花木的庭园安排，都体现着江南山水的典雅与清秀。建筑的造型是北方的形制，显得厚重，其色彩以暖色调为主，比较华丽。所以，此园具有南北方融合的特色。

3. 自然山水，均衡有序。东、西、南以山环抱，中部安善

翠云岭（远处为曲径通幽、飞来石）

堂前所叠之垂青榭、翠云岭，纹理清晰；走势自然，配以福池，得天然山水之趣，此两处山岭虽分列东西，但形态各异，均衡有韵律，且将三部分园景联系在一起，形成整体。

4. 园林手法，巧于应用。入园门，见一飞来石，此为障景手法；从安善堂、绿天小隐、蝠厅、观鱼台等建筑处都能观赏到一幅有如自然的山水画面，这是对景手法；建筑间以空廊连起，可连续看到后面的景色，这是增加景深层次的手法。后面如蝙蝠状的蝠厅，在厅前叠以起伏的山石，给人如在山中的感觉，清幽秀雅，正符合其作为读书之处的功能，此为造意境之景的一个作法。

5. 视线联系，丰富景观。此园设有几个高视点，如在翠云岭上、榆关上、邀月台上，通过视线联系，都能观赏到视野开阔的层层景色，这些丰富的景观，在下面游赏是不可能看到的。这一高视点的设置亦是造园中的一个重要手法。

6. 题名点景，仿大观园。园中的景观题名，大都来自红楼梦大观园景，如曲径通幽，沁秋亭仿沁芳亭，艺蔬圃仿稻香村田园风光，明道堂东面小院翠竹遮映仿潇湘馆等等。所以研究红楼梦的红学家们对此园有争议。有的认为此园为大观园，建造年代为清初，有的认为该园是后来按红楼梦书中所述大观园景色仿造的。笔者考证过乾隆时期京城图和有关资料，同意后者的看法。

园门

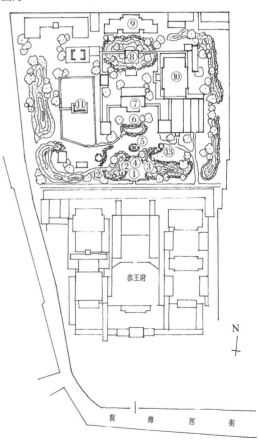

平面

①园门　②翠门岭　③垂清榭　④曲径通幽　⑤飞来石
⑥福池　⑦安善堂　⑧绿天小隐（前为邀月台）
⑨蝠厅　⑩大戏楼　⑪观鱼台　⑫榆关　⑬沁秋亭

邀月台前假山

飞来石

蝠厅前假山

大戏楼侧面

观鱼台

榆关

沁秋亭

戏楼东南面院落

沁秋亭内"流觞曲水"

第六章　现代公园时期

（约公元 1850 ~ 2000 年）

概况及今后发展趋势

现代公园，最早出现的是城市现代公园，为城市市民大众所使用的公共园林。18世纪时英国伦敦的皇家猎苑，允许市民进入游玩；19世纪伦敦一些属皇家贵族的园林，逐步向城市大众开放，如摄政公园、肯辛顿花园、圣詹姆斯公园、海德公园等。法国在19世纪下半叶，于巴黎东郊、西郊重点扩建了两个森林公园，在塞纳河旁及其左右两边又建了公园，为市民使用。德国于19世纪中叶在柏林修建了城市公园。最有影响的城市公园，是19世纪中叶在美国纽约市中心修建的中央公园，它是为了解决大城市环境日益恶化、改善城市环境，由造园家设计建造的。日本在19世纪下半叶于大阪建造了公园。中国在20世纪前后，于北京、上海、天津、南京、无锡等地修建了城市公园。自20世纪以来，在发展城市公园的基础上，提出要搞城市绿地系统的观点，这一概念至今还应提倡和实施。现代公园，还包括有国家公园，自1872年美国建立黄石国家公园后，世界各国都逐步发展了自然风景区、自然保护区等国家公园，其规模范围很大，一般都远离城市。进入21世纪，在各国皆在呼吁保护人类生活环境的背景下，我们更应重视现代公园的保护和发展，走向自然。现代公园具体的多功能作用；将在下面所举实例中加以说明。

在这一时期，选用了14个实例。这些实例对于21世纪城市公园及其绿地系统、城市之外的国家公园、自然保护区等的发展都有现实的指导作用。首先介绍4个关于城市中心区建有大规模的公园绿地实例，第一个是美国纽约中央公园，设计人是奥姆斯特德，于1857年他有预见性地建造了这第一个城市大公园，随着纽约曼哈顿岛的发展，此大公园位于岛的中心地带，其总体布局为自然风景式，利用原有地貌和当地树种，开池种树，改善了大城市中心区的生态环境；第二个是美国波士顿中心区南部的富兰克林公园，设计人还是奥姆斯特德，建于1886年，其特点同纽约中央公园类似；第三个是美国首都华盛顿市中心区行政、文化建筑溶于大片绿地系统中；第四个是英国伦敦市中心的摄政公园等五座公园群，这些园林原是皇家贵族园林，后对公众开放成为公园，它们像绿色宝石镶嵌在伦敦市中心；这些市中心大公园绿地，起着缓解城市中心地带热岛效应、改善城市中心区生态环境的作用。还有一个在城市边缘建有对应的大规模公园绿地的实例，是法国巴黎万塞讷和布洛涅林苑，万塞讷位于巴黎市旧城东边，布洛涅在旧城西边，于19世纪下半叶对巴黎市进行改建时，在原有基础上建设这两个各有10km²的林苑，除其本身供广大市民休息与进行文化活动外，还起到如人体两个肺一样的作用，极大地改善了巴黎市区的生态环境，这种做法很值得现代大城市效仿。并选有两个各具特色的城市公园，一是西班牙巴塞罗那的格尔公园，特色突出，始建于1914年，设计人是世界著名建筑师高迪，总体格局为自然浪漫风景式，建筑与自然反映出曲面空间造型的高迪风格，还设有精致的博物馆；另一个城市公园实例是巴黎旧城东北部的拉维莱特公园，20世纪70年代后建设为有科技文化的公园，1982 ~ 1998年改建成为一个几何形网络园，网络交点布置红色游乐场建筑物，以架空通廊连接成整体，此改建项目设计是法国著名建筑师屈米获得国际竞赛一等奖的作品。介绍这两个实例，是想说明建造城市公园要重视创造出有特色的面貌和文化休息设施。另外，介绍3个园林化城市，一是中国安徽合肥市绿地系统，合肥利用周长8.3km的旧城墙地带，保留护城河，建造环状绿带，结合古迹发展公园，还修建西部森林、水库绿地，并以多条绿带将这些绿色公园连接贯通，形成城市绿地系统，以此来说明，这是现代城市园林的发展方向；二是中国的厦门园林城市；三是西班牙巴塞罗那绿地系统。这三个实例说明，城市有了完整的绿地系统，就可以创造适合居民生活与生存的自然生态环境。其余介绍4个国家公园、自然风景区实例，一是美国黄石国家公园，此公园有其特殊意义，它是世界第一个建立的国家公园，占地8996km²，属高山峡谷热泉景观型；二是加拿大自然风景区尼亚加拉大瀑布，此景区除其景色蔚为壮观，对外对内交通与服务设施齐备外，还能提供巨大的能源；三是中国安徽黄山自然风景区，面积为154km²，以"奇松、怪石、云海、温泉"四绝著称，有中国"天下第一山"的景观，现已重视本身与周围地区自然生态环境的保护，发展黄山旅游事业，促进地区经济发展；四是日本京都岚山自然风景区，它有京都第一名胜之称，主景突出红叶樱，堰川绕山蜿蜒流，名胜古迹隐山中，是访问京都的外国游客必去观景的地方。通过这四个实例，是想说明国家公园或称自然风景区是维护人类生存、地球存在不可缺少的大自然生态环境，各国应重视对它的保护、发展和法制管理。在这一方面做得好的国家是美国，至21世纪初已发展了58个国家公园，最大的占地面积有53393km²，是兰格尔-圣伊利亚斯国家公园。除国家公园外，美国保护的国家公园系列还包括国家海岸、湖岸、景观河流、景观道路、纪念地、历史公园等，共300多个；同国家公园系列平行的另有国家森林系列和国家野生动物保护系列，美国政府对这三个系列都专门设置管理机构，其中国家公园由国家公园局统一管理。美国的这些做法很有参考价值。

　　这一现代公园时期，其功能作用已转向为公众生活服务，特别是20世纪后期和进入21世纪后，对于它所起到的生态平衡、环境保护的作用更加清晰了。上面所举的14个实例就是说明这一发展趋势，并希望能够起到引导的作用。景观生态学的研究人员曾提出：斑块（Patch），外观上不同于周围环境的非线形地表区域，主要由绿地、建筑、人工硬质地面和水组成；廊道（Corridor），不同于两侧基质的狭长地带，条状，如公路、河道、植被；基质（Matrix），景观中面积最大，连接最好的景观要素，如草原、沙漠、森林，常与斑块连在一起；这三者连成整体，要对其进行保护和发展。这一理念，同我们追求的"大地园林化"思想是一致的。城市中的斑块就是公园绿地，在城市中心区、边缘地带、近郊区都要建有公园，如实例中所述的美国、英国、法国、西班牙公园；所谓的廊道就是城市中的河流、街道或其他绿带，绿带将公园绿地连接起来，构成城市绿地系统，如同实例中介绍的中国合肥绿地系统；基质就是城市居住、公共活动区。就国家而言，城镇本身及其外面的国家公园或称自然风景区、森林区、野生动物与自然保护区，就是一个个的斑块，城镇间的公路、河流或铁路近旁的绿带就是廊道，大片的农田、草原、沙漠等就是基质，此三者的保护与发展至关重要，它关系着国家的生态环境保护和持续发展问题。因而各国进行城乡建设发展时，要高视点来研究和分析生态平衡、环境保护问题，要考虑今天全球生态环境需要，正如前言中所说，要有5个尺度的概念，即从园林——城市——国家——洲——全球的空间概念来思考。由此可见，园林的保护与建设是极其重要的，这是世界各国的社会责任。笔者研究此项目的中心目的就在于此——人人要重视生态平衡、园林建设、环境保护，保护好人类生活的这个地球。

一、美国

（一）纽约中央公园

大草坪

可供休闲活动的草地

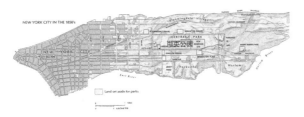

1850年位置（现为城市中心）

　　1857年在纽约市中心修建美国第一个城市大公园——中央公园。设计人是奥姆斯特德（Fredrick Law Olmsted，1822～1903年），他受过英国教育，继承与发扬唐宁（Andrew Jackson Dowing）的园林建设观点，推崇英国自然风景式园林。唐宁于1850年前往英国等欧洲国家，从布朗、雷普顿（Humphry Repton）等造园名家处得到启迪。该园特点是：

　　1. 与城市关系密切。位于纽约曼哈顿岛中心部位，改善了城市中心的生活和生态环境，减排降温，并便于市民来往。

　　2. 保护自然。总体布局为自然风景式，利用原有地形地貌和当地树种，开池植树。

　　3. 视野开阔。中间布置有几片大草坪，游人可观赏到不断变化的开敞景观。

　　4. 隔离城市。在边界处种植乔、灌木，不受城市干扰，进入公园就到了另外一个空间环境。

　　5. 曲路连贯。全园道路随景观变化修建成曲线形，且曲路连通可游览整个公园。

　　（图照由杨士萱先生提供）

平面
①温室花园　②北部沟谷　③观景城堡
④弓形桥　⑤水池喷泉台地

可行走马车的道路

林间步行小路

北部沟谷画

温室花园画

弓形桥画

观景城堡画

小池喷泉台地画

（二）富兰克林公园（Franklin Park）

　　该园位于美国波士顿市中心区的南部，建于1886年。这块重要用地之所以能够保留下来，是因为17世纪中叶时市政当局就作出了保留公共绿地的决议。此园设计人仍是奥姆斯特德，其特点与纽约中央公园类似，只是具体安排有所不同，它是按近似方形与城市道路的方便联系布局的。此外，它本身与其西面的一条较宽绿化带衔接在一起，既改善了城市的生态环境，又为这一区域的景观增色许多。

环形路（George R·King 1927年前）

池桥自然景色（George R·King 1927年前）

网球场（George R·King 1927年前）

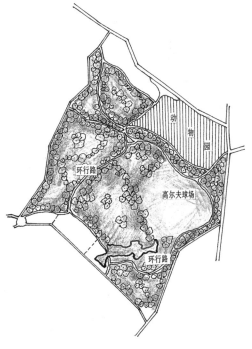

平面

动物园北入口（2001年张钦哲先生摄）

儿童游乐场（2001年张钦哲先生摄）

露天体育场（2001年张钦哲先生摄）

高尔夫俱乐部（2001年张钦哲先生摄）

高尔夫球场（2001年张钦哲先生摄）

（三）华盛顿城市中心区绿地

华盛顿是美国的首都。全市面积174km²，人口不到百万。原是印第安人住地，公元17世纪初欧洲移民在这里建起烟草种植园，18世纪末由首任总统华盛顿委任参加过独立战争的法国规则工程师皮埃尔·夏尔·朗方负责华盛顿新都的规划设计工作。市区为一正四边形，主要轴线为东西向，中心为国会大厦，南北向轴线对着国会大厦的侧面。国会大厦为全城最高点，其他建筑都不能超过它的高度，因而全城没有塔式高楼。

其中心区位于波托马克河和阿纳科斯蒂亚河两河交汇处，两河旁的大片绿地环绕着它，中心区内部由国会大厦至林肯纪念堂长3.5km中轴线长条形开阔绿地与两侧建筑组成，建筑层数不高，使分散的建筑融入大自然绿地的生态环境之中，是一个园林式建筑中心区，体现了华盛顿作为首都的政治文化气质。在中轴线上布置了一个较高的华盛顿纪念塔，它起着标志性建筑的作用，人们可登临顶部观览中心区和全市的景色。中轴线两侧布置的建筑有国家自然、宇宙、空间、文化、艺术等博物馆，供人们增长各方面的知识，是广大群众的文化活动区。中心建筑国会大厦前方右侧为总统府白宫和部分政府部门，行使着国家管理职能，是行政办公区。整个中心区，使用功能布局合理，空间环境自然、开敞、完整、统一，是一个园林、建筑、城市结合为一体的优秀实例。

国会大厦前绿地景观（Above Washinton）

华盛顿市中心鸟瞰（Above Washinton）

（四）黄石国家公园

位丁美国怀俄明、蒙大拿和爱达荷三州交界处，19世纪初叶始有探险者足迹，1806年白人约翰·考尔特最早到此地考察过，1859年美国政府地形测量队进入过这个地区。1872年总统尤里塞斯·格兰特征内签署法案设立此处为国家公园，这是美国创立的第一个国家公园，也是世界上第一个国家公园，它具有历史与现实的重要意义。公园内自然的群峰鼎立，陡峭峡谷巨大，高山河湖交错，热泉高喷，瀑布轰鸣，森林密布，草地茂盛，百花争艳，动物多样，大自然景观独特，这是它区别于人造的城市公园的基本之处。其作用和特点分述于后。

1. 它是世界上设立的第一座国家公园，起着引领的作用。随其后，19世纪，如1898年于南非东北部创立了克鲁格国家公园，它是南非最大的野生动物园，占地2万多km²；20世纪，如1903年在阿根廷建立了纳维尔瓦皮湖国家公园，占地7850km²，内有国内最大湖泊，面积531km²，雪山环湖，林大茂密；于1934年在卢旺达东北部设立的卡盖拉国家公园，为野生动物园，热带森林、灌木林茂密，占其国土总面积的1/10；于1939年在扎伊尔东南部创立的卢彭巴国家公园，占地1.71万km²，属山地湖泊、高原峡谷类型；在1950年于赞比亚设立的卡富艾国家公园，占地2.25万km²，是该国最大的野生动物园；1982年中国正式建立风景名胜区制度后，共设立225个国家级风景名胜区；至今，城市之外的遍及各大洲的国家，小国少则个位数，大国多则几十个，甚至几百座。从当前全球生态环境来看，这些国家公园具有保护大自然生态环境面貌、生物多样化和维护地球气候合理变化与人类生存的重要作用。

2. 规模大。占地面积为8996km²，是属大型的国家公园，美国最大的国家公园规模为53393km²，最小的规模为24km²。这样的国家公园规模，亦概括了世界各地的情况，大到数万km²，小至几十km²，从前述第一节中所举的几个实例也可看出国家公园占地面积大，它比城市里的人造公园要大许多。

3. 陡峭大峡谷于黄石河。大峡谷位于北部的中心高原与玛埃劳高原之间，黄石河流经此峡谷，贯穿北部，峡谷长24km，深约近400m，宽约500m；谷深且窄，谷壁陡峭，两侧黄色到橘黄色的岩层，形成曲形多彩的彩带，这就是取名黄石国家公园的来源。黄石河自南经黄石湖向北纵穿越黄石公园，流径最长，河道落差大，形成急流和瀑布，急流上段的上方瀑布落差30m、下方瀑布落差94m，下段的楼阁瀑布落差40m，气势壮观。这些景观即图中所示的胜境2和⑥、⑦、⑧。

4. 高山黄石湖。此湖周长180km，面积260km²，湖深98m，位于公园偏东南的中心位置，其南为双大洋高原、东北为码埃劳高原、西北为中心高原，由此三足鼎立的高原环绕着。从地质历史来看，此黄石湖是由火山活动形成的，其湖面海拔高为2358m，是美国最大的高山湖，其湖水是周围高山谷流下溪水，所以湖水晶莹清透，泛舟湖上，别具风光，湖周围的高山森林、草地、山峦山岭为背景，湖中有湖弯、半岛与小岛，景色丰富多彩。此景是图中所示的胜境1。

5. 热泉走廊。位于黄石公园西部，在西部北半边的瓦叙苏岭与格兰丁岭，同西部南半边的美狄松高原与沥青原高原之间有一条低谷，宽400 ~ 1200m，长约100km，人们称为热泉走廊，在这里集中有600多处热泉与溪流，其中有占地球上50%以上的70多处间歇热泉。热泉喷出的高度为30 ~ 55m。位于公园西北部顶端的"庞大热泉"最为著名，热泉流到地表层形成层叠的钙化凝结地，池壁岩石呈黄色，状如梯田，这又是黄石公园的一个标志景观。还有"城堡间歇热泉"，其喷出高度为37m，最高时曾达60多m，喷出热泉凝固形成火山形锥形体，犹如"城堡"，故称此名。另外一个著名的热泉是"诚实老者热泉"，此泉位于公园的西南部，每65分钟左右喷发一次，每次持续4 ~ 5分钟，热泉水柱高达40m，在严冷之日热泉相遇冷空气，凝成白色云柱，似巨大的银花，因其间歇准时喷出，故名"诚实"。此热泉走廊景观即图中所示的胜境3。

6. 野生动物多样。在黄石公园内有400多种野生动物，如羚羊、野牛、鹿、麋、獾、美洲狮、灰熊、灰狼、北美郊狼等野生动物和白头海雕、鹰、天鹅、沙丘鹤等飞禽、水鸟，还有两栖动物眼镜蛇、蛙、蝾螈等。这些野生动物的存在，保护了动物的多样性，也保护了黄石公园的自然生态特色。

7. 道路交通组织方便。黄石国家公园久负盛名，前来旅游者人数众多，多时每日可达2.5万人，公园内外道路交通的组织完善，有7条高速公路穿经公园，对旅游者来说观览此园十分方便。从图中看，89号州际高速公路于南北向穿越景区，20号州际高速公路于中心东西向穿过公园，沿着这两条纵横公路线可观赏到公园的主要胜境。还有212号、14号、16号、191号、287号州际高速公路进入公园。园内机动车主要道路有230多km，如图中红线所示，并有大量的旅游小路可到达园内的各个景点，道路通畅。

8. 旅游服务设施齐全。北面入口设有"旅游中心"，这类服务的"旅游中心"，全园内共有5处；相应地还设有5个入口管理站；为住宿方便，设有3个旅馆、8个公园住宿所和13个野营基地；还安排了1个书店、2个博物馆和1个研究所等。在公园内可搞野营活动、聚会、骑马、骑自行车、滑雪、坐雪上马车，还可在黄石湖钓鱼和坐船游览等等。

创立黄石国家公园已有140多年的历史，现逐步转变到以保护大自然为其中心目的。这一思想观念应是我国发展自然风景名胜区的指导思想，不应以追求盈利为目的。尊重大自然、保护大自然是各国政府及其地方政府和人民的神圣职责。

（图照由乐卫忠先生提供）

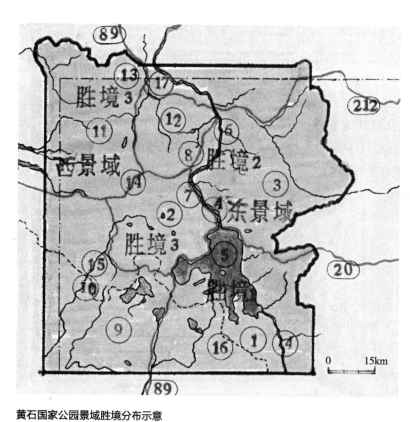

①双大洋高原
②中心高原
③码埃劳高原
④黄石河
⑤黄石湖
⑥黄石大峡谷
⑦上方瀑布
⑧楼阁瀑布
⑨沥青岩高原
⑩美狄松高原
⑪格兰丁岭
⑫瓦叙苏岭
⑬庞大热泉
⑭瑞利斯热喷泉
⑮诚实老者热喷泉
⑯分水岭
⑰游客中心

黄石国家公园景域胜境分布示意

黄石湖

黄石大峡谷

庞大热泉

间隙热喷泉

二、英国

摄政公园（Regent's Park）等

圣·詹姆斯公园（当地提供）

格林公园（当地提供）

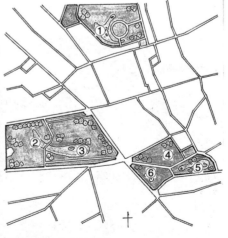

位置与其他中心区公园
①摄政公园　②肯辛顿花园　③海德公园
④格林公园　⑤圣·詹姆斯公园　⑥伯明翰宫

该园位于伦敦泰晤士河的北面，原是皇家贵族园林，后对公众开放成为公园。总体格局属自然风景式，水面为自由式，道路有直有曲，直线的较多但未作成轴线对称式景观，绿地配植有独立大树、丛林、林荫大路、草坪、牧场风光等。此园南边的肯辛顿花园（Kensington Garden）、海德公园（Hyde Park）、格林公园（Green Park）、圣·詹姆斯公园（St.James's Park），其性质和模样都同摄政公园类似，这五座公园像绿色宝石一般镶嵌在伦敦的市中心区，降低了大城市中心区的温室效应，为伦敦市中心区创造了一个良好的生活与生态环境。

肯辛顿公园（当地提供）

肯辛顿公园喷泉（当地提供）

圣·詹姆斯公园和伯明翰宫（当地提供）

三、法国

（一）万塞讷（Vincennes）和布洛涅（Boulogne）林苑

万塞讷林苑位于巴黎市东郊，布洛涅林苑在西郊，奥斯曼（1807～1891年）任巴黎市长期间（1853年后）对巴黎市进行改建和绿化时，由阿尔方（Alphand）于1871年在原有基础上建设这两个林苑，各有1000多公顷。总体布局为自然风景式，由曲路、直线路、丛林、草坪、花坛、水池、湖、岛组成，在林苑内形成了许多不同景观的活动场所。笔者选择这个实例，主要是说明它在城市中的作用，除自身功能作用外，还起到如人体两个肺的作用，它与城市内公园、绿地、塞纳河绿带联系起来，形成绿廊通风带，把新鲜空气引入城市，有利自然通风、降低温度、除尘减排，极大地改善了巴黎市区的生态环境。这种做法，很值得现代大城市效仿。

平面

（二）拉维莱特（La Villette）公园

该园位于巴黎市旧城东北部边缘，130多年前这里一直是牲畜交易市场，后改建为现代公园。20世纪70年代后，改造并增加科技文化设施，包括有一半球状放映厅、5000座位音乐厅和其他展览建筑等。

现此园最大的特点是，整个公园建起了一个几何形网络。在网络的节点布置红色游乐场建筑物，其建筑形式为立方体的多种变形，打破了传统建筑的构图规则。这些网络节点上的红色建筑，以架空的通廊连接，中间是公园绿地，构成统一的整体。这是一种创新的公园新模式，引起了人们的关注。此项目设计是法国著名建筑师屈米（Bernard Tschumi）获得国际竞赛一等奖的作品，已于1982～1998年间陆续建成。

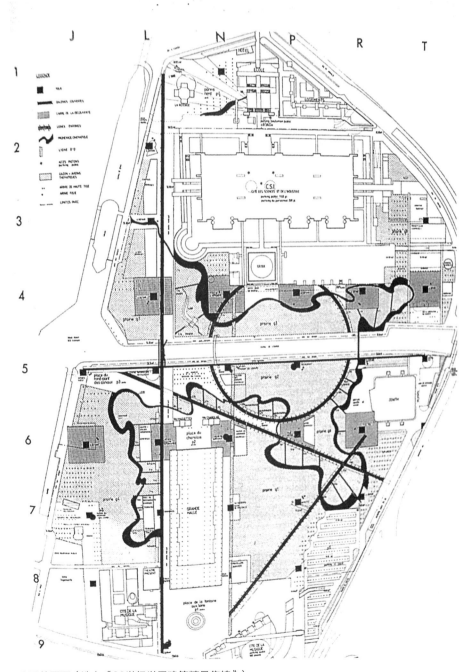

公园总平面（选自《20世纪世界建筑精品集锦》）

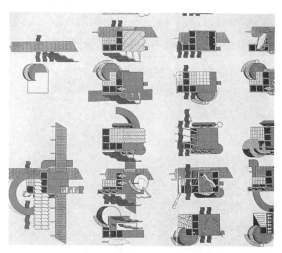

立方体变形的多样红色游乐场建筑物（选自《20世纪世界建筑精品集锦》）

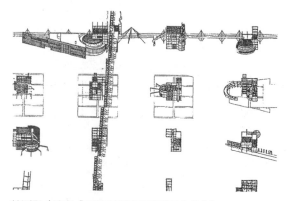

轴测图（选自《20世纪世界建筑精品集锦》）

红色游乐场建筑及其连廊（Yaun Arthus-Bertrand）

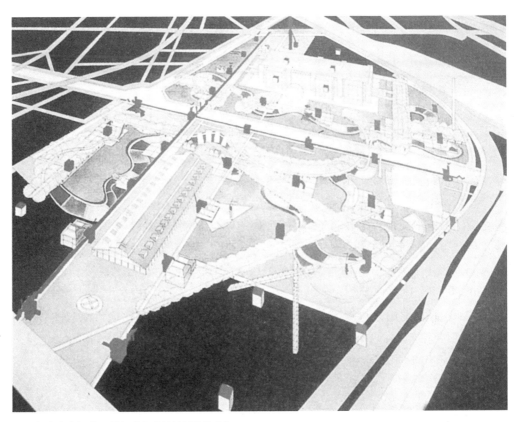

公园鸟瞰（选自《20世纪世界建筑精品集锦》）

科技馆前半圆球状放映厅（Yaun Arthus-Bertrand）

四、西班牙

（一）巴塞罗那城市绿地系统

　　西班牙巴塞罗那是一个滨海城市，背山面海，北部扁长的山体上连续的丛林构成天然绿色屏障，平行山体的海滨浓郁的林木连绵不断。沿海西南部矗立一个山丘，山丘东面紧临旧城，经过几百年来的建设，这里有著名的旧皇宫、城堡、植物园以及1996年举办世界奥林匹克运动会的主体育场等，这些新老建筑隐没在苍翠绿海之中，旧城中间是一条闻名于世的林荫路步行街，直通海滨，同山丘延伸绿带相接。1995年12月我们专访了这一片的景点、花园十多处，同时还对北山脚下的东北部名园进行了考察，这里有世界著名的西班牙建筑师高迪设计的极为自然的格尔（Güell）公园，还有18世纪末建造的拉韦林特（Laberint）历史名园等十多个公园。面对滨海山丘的北山西边上，有基督教堂及其花园和英国著名建筑师福斯特设计的高耸电视塔建筑，在这标志性建筑山脚下的西北部地区布置有各类花园、公园十多处，1996年7月笔者参加国际建筑师协会大会期间在这里的一些公园中举办了活

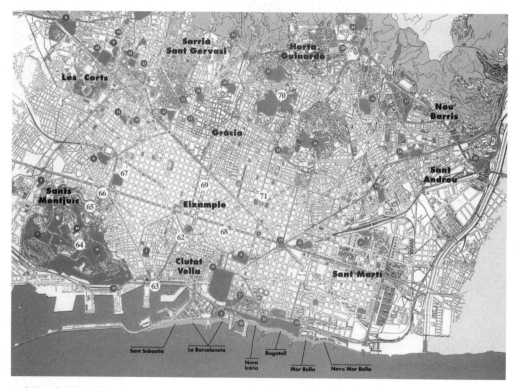

巴塞罗那市绿地系统

从蒙特胡依克山陈列馆北望城市绿化景观

动，会后笔者游览了滨海东南部的公园和小游园十多处，并徒步沿新城林荫大道观赏，这些东西向、南北向以及对角线放射形林荫绿带将上述四个方位的60多个绿色斑块连接成一个整体，形成极具地域特色的绿地空间系统，它镶嵌在大自然的青山碧海之间，为城市居民创造了一个很好的生态环境。

西部住区庭园

世界著名的旧城中心的兰布拉斯步行街

（二）格尔（Güell）公园

从南入口望主体建筑台阶

台阶装饰

　　该园位于巴塞罗那城
的北部，始建于1914年，
设计人是世界著名的建筑
师高迪（Antoni Gaudi）。高
迪所设计的教堂、公寓已
成为巴塞罗那的标志性建
筑，具有自己独特的风格，
是由曲线、曲面空间组成
的浪漫主义幻想式建筑。
他的这一风格完全反映在
这个公园及其建筑中。其
具体特点有：

台阶雕饰动物

　　1. 总体格局为自然
浪漫风景式。围绕中心主
体建筑，在四周布置自由
环形曲路，曲路旁有不同
的山林、洞穴景观，可供
观赏休闲。

　　2. 利用地形，创造
变幻的立体空间。主体建
筑依坡而建，其屋顶与上
层台地相连；从东门进入
高迪博物馆区，利用高差
布置柱廊洞穴，在不同标

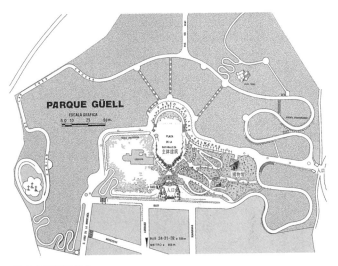

平面（当地提供）

高的露台面上可看到立体的空间景色。

　　3. 高迪式建筑，自然浪漫。从曲线、曲面空间造型以及色彩方面来看，
所有建筑都反映着高迪的风格。

　　4. 建筑与自然融为一体。采用棕榈树、丛林、攀缘植物，使建筑与自然
结合，洞穴石柱、其他石材的色彩都同自然的绿色相平衡，十分协调，形成
一体。

　　5. 博物馆小巧精致。里面收藏有高迪的作品、图样、史料和设计的家具
实物等。1995年12月笔者参观后，进一步了解了高迪的思想和成就。

　　1996年7月国际建筑师协会第19届大会在此园安排了第一场活动，此园受到与会
建筑师们的一致赞扬。

主体建筑平台北面道路两侧

主体建筑东面坡地

从北面平台望主体建筑东边

西面山地廊道

博物馆内景（高迪设计的曲线形座椅）

博物馆南面石柱廊台内景

高迪博物馆

东入口西行景色（左为博物馆）

五、加拿大自然风景区

尼亚加拉大瀑布（Niagara Falls）

大瀑布全景

大瀑布位置

大瀑布近景

该景区位于多伦多东面的尼亚加拉瀑布城，与美国交界，是世界著名的大瀑布景观。"尼亚加拉"名称来源于印第安语"Onguiaahra"，意是雷声隆隆。此瀑布呈半圆形，宽约800m，平均落差51m，水如万马奔腾之势直冲河谷，雷声隆隆。

此景区的对外交通十分方便，交通的便捷首先影响着游人的数量。因此，该景区的游客每日川流不息。此景区的建设比较完善，中间有一条宽敞的道路作为划分，路的一边是近观大瀑布区，走近瀑布景观，水声隆隆，气势磅礴，蔚为壮观，还可由台阶走下乘船贴近瀑水。在路的另一边是服务区，安排有旅馆、商店、娱乐场等各种服务设施和丛林、草地等公园，供游客使用与休息，还建有高塔建筑，于顶层设一

服务设施——观瀑旋转餐厅

观瀑服务设施区

圆形餐厅，在用餐的同时可俯瞰大瀑布壮丽的全貌，向左边眺望可见美国的瀑布，但其规模小了许多，宽约300m。这一大瀑布还能提供巨大的能源，加拿大方面的水电站可发电181万kW。

对面美国境内瀑布

六、中国

这一阶段为中国清代后期和"中华民国"以及中华人民共和国成立后的时期，城市公园逐步发展起来，特别是20世纪下半叶新中国建立之后，各地城市公园、绿地系统以及自然风景区得到空前的建设与发展。这里举3个实例，一个是安徽合肥城市绿地系统，一个是厦门园林城市，另一个是安徽黄山自然风景区。

（一）合肥城市绿地系统

合肥市，1949年前是一座小城市，旧城面积5.3km²，人口5万，现为安徽省省会，市区人口为100多万。合肥是中国首批三个园林城市之一，其园林建设的特点是：

1. 围城建造环状绿带。合肥旧城周长8.3km，保留其护城河，拆除城墙，西面将城墙土与拓河之土堆成自然山峦，其余造势河岸两侧，形成环城绿化带，既改善了旧城环境卫生，又为居民创造了休息之地。此举连同长江路等的改建，使合肥市20世纪50年代末成为全国小城市建设的典范。

2. 结合古迹发展公园。在旧城环形绿带的东北角，是公元3世纪三国时期"张辽威镇逍遥津"之地，借题发挥，开辟成30多公顷的综合性公园；旧城东南隅外侧的香花墩为宋代包拯早年读书之处，后人修建了包公祠，此处水面宽阔，地形起伏，遂发展成近30hm²的包河公园，并将包公墓重建在这里。结合古迹修建公园，丰富了这条环旧城河的绿色林带。

3. 西部森林水库绿地。距市中心9km的西郊大蜀山，高280多米，面积550hm²，在原有林木的基础上，开辟发展森林公园；在此山北面的董铺水库、大房郢水库，发展大片绿地，以保护水库。在大蜀山下发展了果园、桑园、茶园和苗圃，水库周围发展经济林。西郊大片绿地是以风景林与经济林相结合，将开辟郊区风景区与发展经济生产结合在一起。

4. 东南巢湖引风林区。在离市中心17km的南郊巢湖，面积782km²，为中国五大淡水湖之一，计划逐步发展成为有特色的风景旅游区。同此区相连，拟在市区东南方向逐步发展引风林区，顺城市主导风向，将新鲜空气引入城市。

5. 二三环连郊外绿地。环绕西郊、东南郊绿地的内边缘、外边缘，拟逐步建成二、三环绿化带，将郊区绿地联系起来。

6. 城市生态绿地系统。前述已建成的一环旧城绿带及其古迹公园，正在发展的西郊与东南郊风景林经济林大片绿地，拟逐步建设的二三环绿化带，通过一些引向城市中心的绿带，组成合肥市有机的绿地系统。这一系统非常可贵，它对改善城市生态环境起着重要的作用，它能降低温室效应，净化空气，减排降温，通风防暑，卫生防护，防灾隔离，蓄水防涝，美化城市，为居民提供休闲游览和提高文化的场所，结合生产还能创造经济效益，可谓一举多得，它是21世纪城市的发展方向。但目前许多城市尚未认识到它的重要作用，不仅未做到，甚至没有完整的规划设想。

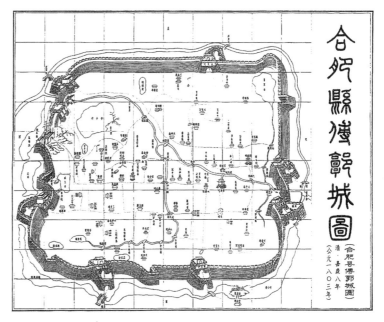

原县城图（1803年）

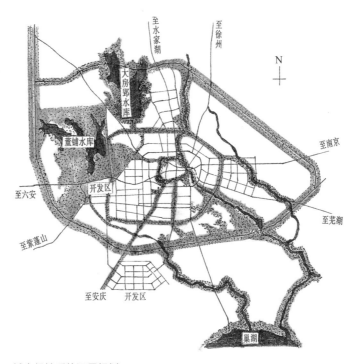

城市绿地系统远景规划

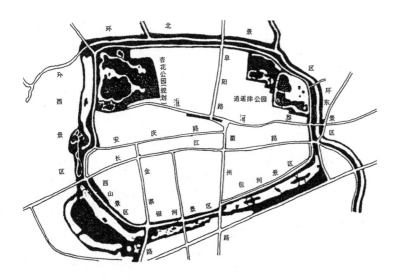

已建成的环城公园图

环西景区

银河景区

包河景区

包公墓

包河景区南部丛林

经济开发区明珠广场绿地喷泉

（二）厦门园林城市

厦门位于福建九龙江海口，面对台湾岛，面积为1516km²，厦门岛面积131km²，是厦门的母城。1958年我们国家城市设计研究院规划工作组来该市进行城市总体规划设计，此时厦门岛旧城区仅10多平方公里，常住人口为10几万人。古时白鹭常栖集这里，故称鹭岛，明代初始建厦门城，清代乾隆至嘉庆期间，厦门港兴旺，1840年鸦片战争后被英国划为五口通商之一，1933年设为厦门市，1981年始办"厦门经济特区"。自创办特区后，厦门发展迅速。20世纪90年代我多次到厦门，了解到从1982～1997年，半岛旧城区从12km²扩大到70km²，城市人口从20多万增到50万人。厦门市区远期的总体规划拟扩大到150km²，形成大城市的框架，以港兴市，成为现代化国际性海港、风景园林城市；其城市结构是以厦门岛为中心，辐射四周卫星城镇，形成一城多镇众星拱月的布局。这种分散式格局，将有利于创造出良好的人居环境。

目前，厦门市大力发展风景园林事业，已为园林化的一市多镇打下了基础。下面着重介绍建成的园林化的筼筜中心区、康乐新村等居住区和有"海上花园"之称的鼓浪屿。

筼筜中心区位于厦门市本岛中心偏西部，背山面水，筼筜湖融于其中。市府大楼南面中心广场于10多年前建起大会堂，这座重要的中心建筑是经过设计竞赛评选确定的。当时有五个设计单位参加，最后选出的是上海建筑设计研究院的设计方案，该方案的特点是，简洁开放，前后可以穿通，内部布局很适合大会堂的使用功能和民众参观学习。笔者同东南大学建筑系鲍家声教授等参加了这次评选工作，我们都力主开放式建筑，这种大会堂公共建筑要考虑便于大众的使用，便于因发展需要而变动内部的空间布局，同时要保护周围空间的开敞明快，要有一个较好的园林化环境。厦门市领导和规划部门是有远见的，采纳了笔者的意见，将市中心大会堂周围规划的较高建筑群都取消改为绿地，使这里具有一个良好的生态环境。在此中心南面的筼筜湖对岸，规划部门确定高层建筑要后退，建筑之间要有

厦门市远期总体规划图

筼筜中心区大会堂外景

筼筜中心区大会堂前湖景

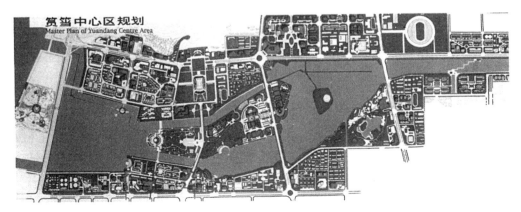

筼筜中心区总体布局

一定的距离，以减少高层建筑对湖面空间的压抑感。

厦门康乐新村等居住区

笔者参观了厦门新建起的几个园林化的居住区，有康乐新村、吕岭花园小区、体育东村等，其特点是：

1. 控制适度的建筑容积率，并未过多地追求建筑面积，以求经济利益，建筑以六七层居多。

2. 配套公共服务设施比较齐全，生活方便。

3. 住宅建筑设计简洁明快、朝阳、自然通风，适宜居住并节能。

4. 自然环境优美，这一点十分突出，山清水秀，水粼粼，树葱葱，花艳艳，人居环境佳。因而厦门市获得了联合国人居奖，还特别奖励该市为弱势居

康乐新村绿地环境

民解决居住问题。笔者介绍此实例，就是希望各地学习厦门解决居民居住问题的思路和做法。解决城市居民安居乐业问题，是政府的职责。

康乐新村中心湖面

厦门鼓浪屿是位于厦门市西的一
个面积为1.84km²的小岛，中间隔有700
多米的厦鼓海峡。山多奇石，巨石横
卧，幽岩洞壑，海浪入洞，声如雷鸣，
故取名鼓浪。其最高峰约为90m高的日
光岩，清晨旭日东升，正照射到山岩
顶，所以取名日光岩。在此山顶，极
目远望，厦门市和海上诸岛，尽在眼
底。在此岩麓建有郑成功纪念馆，纪
念这位明末清初的民族英雄，他曾在
此屯兵，操练水师。在山上建有莲花
庵，明、清期间都曾修葺，庵侧岩石
上刻有明人所题"鼓浪洞天"大字，
这是厦门的八景之一。近代在面对厦
门市区面建一八角楼建筑，构成了这
一带的优美立体轮廓线；1958年笔者
到厦门进行了其城市规划设计工作，
当时岛上住户较现在为少，林木葱郁，
花香鸟语，在这幽静的山峦自然环境
中，不时传来悦耳的钢琴声，一些著

面海日光岩

面对厦门市区的鼓浪屿一角

名的音乐家就出自这个鼓浪屿，因而这里以"海上花园"、"音乐岛"之名享誉世上。
鼓浪屿现为国家重点风景名胜区，2017年7月列为世界文化遗产。

日光岩南麓菽庄花园及其周围景观

（三）安徽黄山自然风景区

总平面（朱畅中先生提供）

　　黄山位于安徽省南部，面积为154km²。黄山古名黟山，因山多黑石之故。唐天宝年间改名黄山，是取自黄帝在此炼丹升天的神话。黄山以"奇松、怪石、云海、温泉"四绝著称，含有泰山之雄伟，衡岳之烟云，华山之峻峭，匡庐之飞瀑，峨眉之清凉，故明地理学家徐霞客称赞"五岳归来不看山，黄山归来不看岳"。笔者观五岳及四大佛山后，同黄山相比，确实感到黄山为"天下第一山"，因而选此实例。其本身和建设特点有：

　　1. 主景突出重点观赏。黄山的奇松、怪石、云海三绝，多集中在玉屏楼至北海游览路线的两侧。温泉飞瀑景多在南部，山的下方。在玉屏楼至北海这一中心游览区内有黄山的三大高峰：莲花峰最高海拔为1867m；光明顶第二，海拔为1840m；天都峰第三，海拔为1810m，但最为险峻，其名取意为天上之都会。除此三大景观外，还有其他动人的峰景，如始信峰"琴台"，笔峰"梦笔生花"，狮子山"猴子观海"等。这些景观是黄山风景区的精华，为重点的风景观赏区。

迎客松

2. 保护林木峰峦泉瀑。山水林木是风景区的基础，如遭毁坏，风景区就不复存在。1955年黄山森林覆盖率为75%，后经砍伐林木，盖房与烧柴使用，曾降低了20个百分点，现正在恢复；在所谓建设的名义下，曾开山取石，截瀑引水，乱排污水，破坏了风景环境，现都已被制止。目前，保护风景得到了一定的重视，如在黄山南部玉屏楼东文殊洞顶的迎客松，它是黄山十大名松之冠，有如好客的主人伸手迎接来客，已有损伤，现设法抢救保存下来。

莲花峰

3. 开辟交通通畅游览。交通便利与否，直接影响着风景区游客的数量。交通包括内外两个方面，首先要解决好外部的交通，使各地游客能迅速到达风景区，黄山地处皖南山区中，远离城镇，现铁路、民航都能直达黄山脚下的屯溪，屯溪距黄山75km，其对外交通条件已大有改善。同时开辟黄山内部的交通，公路已通至后山海拔900m的云谷寺和前山的慈光阁，缆车道可从云谷寺到达中心游览区后部。从前山山脚至后山的各个景观的游览环形线路共约30km长，公路与缆车道占40%，其余为步行游览，已比较方便。

4. 山脚山腰建设设施。黄山山顶中心游览区没有可供建设的缓坡地段，只在北海地区有少量的建设地段，所以将提供食宿的建设重点布置在后山云谷寺和山脚处。20世纪80年代在云谷寺修建宾馆，游客可晨乘缆车上山，观赏主要景观，午后或暮前返回，解决食宿问题。

5. 发展黄山旅游事业。有"天下第一山"的景观，就应充分发挥此优势，大力发展黄山旅游事业。为了突出并保护好黄山主景区，要重视黄山周围地区自然生态环境的保护；还需要发掘开发新的景点，增加游览路线和活动内容；进一步改善交通和服务设施条件以及提高服务质量。

6. 促进地区经济发展。发展黄山旅游事业同地区经济发展不是对立矛盾的，可相互结合起来，互相促进。这一地区可大力发展副食基地，发展种植业、养殖业、食品加工业和富有地方特色的手工艺品，还可发展一些旅馆文化娱乐建筑，这些都是为促进黄山旅游事业的发展服务，同时亦促进本地区经济的进一步发展。

上述这几点是发展自然风景区所应重视的几个共性问题。世界各地有名的风景名胜区，大都在这些方面做得比较出色。

猴子观海

天都峰

石柱奇松

清凉台东景观

七、日本

这一阶段在欧美的影响下，日本发展了许多现代公园和国家公园，这里仅以京都岚山自然风景区为例。

桥通岚山（当地提供）

位置（当地提供）

大堰川水绕岚山

日本京都岚山自然风景区

位于京都西北边缘，地处丹波高地东部，山高375m，有京都第一名胜之称。其特点是：

1. 主景突出红叶樱。春天这里樱花成片盛开，秋季时满山红叶，此公园风景区以红叶和樱花之美著名。

2. 堰川绕山蜿蜒流。著名的大堰川围绕此岚山北部缓缓流过，每逢春季两岸苍松新绿、樱花相衬，清澈的河水与岚山互相辉映，上游水经峡谷急流，极富激情，下游有长长的渡月桥，桥畔有天龙寺等，又是另一番深邃景色。

3. 名胜古迹隐山中。山中有不少景观点活动区，如大悲阁、法轮寺、小督冢等，常有文人雅士在此触景生情，作画、写诗。

4. "雨中岚山"日中情。1979年日本人民在岚山山麓龟山公园内，为1919年4月5日中国周恩来总理青年时代（1919年4月5日）访岚山时写下的《雨中岚山——日本京都》诗篇立了诗碑。四周苍松环抱着诗碑，并有几棵高大的樱花树立于背后，在此可饱览岚山的景色，倾听大堰川的水声。1992年3月笔者前来观看廖承志先生所书诗文，深感日本人民缅怀周总理为日中友好事业作出丰功伟绩而立碑的日中友谊之情。

岚山秋色（当地提供）

石刻周恩来总理《雨中岚山》诗句

结语

从本书的概括分析中，可以看到如下5点世界园林的发展变化趋势。

1. 生活舒适、生产需要——生态平衡、环境保护

从3000多年前的墓壁画和文字记载来看，最早的园林功能是为生活娱乐、舒适，并兼有生产的需求，供应蔬菜、果品、药材等；现进入21世纪，除原有这些功能外，由于世界整体环境的恶化，林木山水资源的破坏，二氧化碳等有害气体排放过多，大地气候不断变暖，影响了人类的生存条件，因而园林的发展，世界各地强调要从生态平衡、环境保护的角度来考虑，对园林的功能提出了更高的要求，在城乡规划与建设中要建立起绿地河湖系统，减排、清洁空气，通风、降低温度，蓄存雨水、防涝，要把园林化城乡做为城乡的发展目标，第六章现代公园时期的内容和前面提出的空中花园、果蔬园实例，就是实现这一目标的具体做法，皆具有参考价值，以满足人类生存的生态平衡需要。这一趋势特点和如何实现是最重要的。

2. 自然条件、文化不同——各地具有自己的特点

世界各地自然条件差异很大，各国和地区的文化亦不相同，故植物品种和园林的其他要素不一样，其艺术布局更是因文化的不同而有差别，因而各地的园林都具有自己的特点。

3. 文化传播、相互融合——各地重视地域特色

园林是文化的一部分，因各国统治者和上层人士的爱好，一些国家占领其他国家或地区，以及各国之间的文化交流，园林文化一直不断地向外传播，使各地园林文化在相互融合，目前各地重视发展各自的园林地域特色，以适应各地自己的条件和文化特点。

4. 艺术形式内容丰富——范围扩大、走向自然

园林的内容和艺术布局形式，通过相互融合和园林工艺与设计的进步，不断发展，越来越丰富多彩，而且范围也在不断扩大，现已发展到大范围的自然风景区、国家公园以及自然保护区等，其总的发展趋势是走向自然，保护自然，发展绿色生态，这其中也包含着艺术布局的形式和内容。

5. 长期来为上层服务——逐步向为大众服务

园林在很长一段时间是归国家统治者和上层人士所有，绝大多数是为他们使用服务的，只是到了近200多年来发展了城市公园，后又发展了国家公园，才逐步扩大了为大众使用服务的面。真正做到为大众服务，这是我们今后努力的方向，也是必然的发展趋势，它体现着社会的进步。